Eva Renée

Faire la mise à jour de notre potentiel

Eva Renée

Faire la mise à jour de notre potentiel

Éditions Vie

Imprint

Cover image: www.ingimage.com

Publisher:
Éditions Vie
is a trademark of
International Book Market Service Ltd., member of OmniScriptum Publishing Group
17 Meldrum Street, Beau Bassin 71504, Mauritius

Printed at: see last page
ISBN: 978-613-9-58862-6

Pour :

Newe Sogobia, *Chef de la Nation Shoshone Ouest*

 *chapeau à la Radio-Suisse-Romande la 1ère.*

Le magicien en Oz *à la fin de l'histoire :*

« I am a good man, I am just very bad with it »

Si tu connais un adulte qui ne sait ou ne peut pas lire, j'espère que tu chercheras un lecteur pour lui.

Sommaire

Devinette – Quiz avec pages des réponses :

Dans ce texte :

- *en français le masculin l'emporte sur le féminin, c'est seulement grammaticalement parlant !*
- *« **il** » désigne : homme, femme, enfant, mais ne s'accordera qu'avec « homme »*
- *le mot « **homme** » sera utilisé pour désigner les personnes de tous attributs*
- *l'utilisation : « **être humain »** est trop long dans un monde où la communication verbale est limitée à des extraits sonores succincts (« sound-bites »)*
- *et pour rester « politiquement correct », si on utilisait « être humain », on devrait alors également dire : « être animal », « être végétal », « être bactérien ».*
- *« **humain** », correspond davantage à un adjectif voulant dire sensible aux misères d'autrui*
- *choix entre **je**, **nous** et **on**, on a choisi on*
- *réponses des devinettes-quiz sur d'autres pages, pour s'habituer d'aller fouiner dans ce livre.*

Ceci n'est pas un recueil de philosophie

Ce serait un échec cuisant si les descriptions ci-après étaient comprises comme des leçons, car cela appellerait des leçons en retour et donc une perte de temps pour nous tous.
Le besoin d'écrire, tout cela ne vient d'aucune théorie.
Les conclusions évoluent par elles-mêmes.

Auteur

Puisqu'il n'y a pas de thèse, ou d'idéologie quelconque, c'était écrit de façon organique, peut-être un peu à l'envers, dommage que l'on ne puisse écrire de façon sphérique !

Il est à noter que ***l'hémisphère cérébral droit de l'auteur*** *est dominant. La dernière page du fascicule explique pourquoi. Le lecteur est invité à aller voir. C'est important.*

Gare aux **étiquettes** *! Si à chaque mot vous cherchez à assigner une étiquette, oubliez de continuer à lire. Elles risquent de catégoriser ou comparer tout le reste du texte avec le préjugé choisi, car c'est ce qu'elles sont. Elles bloquent la communication et les échanges entre nous.*

Les étiquettes sont bien aimées parce qu'elles aident à la facturation de services professionnels dans un système de commercialisation de tout. Mais elles ne sont pas utiles pour décortiquer et comprendre.

Ce texte vise à faire le point de notre situation actuelle en regardant autour de nous, chacun de nous est un témoin oculaire unique. Ensemble, nous établissons ainsi une ligne de base mentale avec tout ce qui est incontestablement observable. Cette ligne permet d'estimer nos déviations dans un sens ou dans l'autre.

Ce texte n'est pas élaboré par un écrivain, donc prière au lecteur de ne pas s'achopper ou de s'énerver à la forme. C'est le contenu que compte et on espère que la manière de l'avoir exprimé ne prête pas à confusion.

Idées

Il est erroné de croire que les pensées génèrent les idées, en réalité, c'est l'inverse qui se produit :

la pensée est à l'idée ce que le parfum est à la fleur.

Communication

On peut savoir beaucoup de choses, avoir le la sagesse et ne pas pouvoir le présenter par oral ou par écrit.

On peut maîtriser l'art du verbe et ne pas avoir de sagesse.

Ces deux cas sont un désavantage pour la communication inter-humaine, donc notre possibilité de faire du progrès selon un choix collectif. Si les décisions du monde ne sont faites que par des gens qui savent bien s'exprimer, on est mal barré.

Si on ne sait pas bien choisir et aligner les mots, on n'a pas de voix. Cela donne l'impression qu'il faut avoir été à l'école supérieure pour participer à l'évolution. La plupart seront dans le cas des plantes et des animaux qui ne peuvent malheureusement pas parler du tout. Ils subissent.

En réalité, plus quelqu'un a été soumis à des études formalisés, plus la personne est spécialisée et biaisée.

Il est nécessaire pour communiquer qu'on puisse entendre et comprendre différentes formes d'expression. Les plantes essayent de leur mieux, les artistes de même, les poèmes expriment plus que les leçons. Mais tout cela est sujet à interprétation. Chacun entend selon ce qu'il connaît. C'est suffisant ! Ça va comme ça..

Par contre il n'est jamais juste de parler pour tout un groupe. Cela entraîne les participants.de s'aligner derrière quelqu'un qui verbalise, puis de répéter ses séquences de mots au lieu de se montrer comme personne unique et différente..

Entente

Il est impératif qu'on trouve un terrain d'entente entre tous les êtres vivants.

*Remarquons que « entendre » est synonyme de **ouïr et comprendre**, par parler ou écrire.*

Il n'y a pas de doute que tout le monde exprime, il faut alors s'accoutumer à l'entendre même si c'est un langage non-verbal ou différent.

Les paraboles et les histoires illustratifs sont utiles pour montrer et expliquer ce qu'on voit, utiliser des jeux, et tous nos sens. Les choses simples sont souvent très clairs et intelligents.

Exemple :
On est assailli par une puanteur en passant en promenade près d'une rivière.

En regardant de près, on voit une canalisation qui déverse une substance décolorée. Cette observation suffit pour savoir quel est le problème.

Pour que les autorités le comprennent assez pour intervenir, il faut des rapports de spécialistes, biologistes, urbanistes, ingénieurs de l'environnement, experts, et activistes qui profitent pour généraliser pour d'autres rivières, bref beaucoup de paperasserie, beaucoup de mots, beaucoup de salaires payés pour rien, parce qu'on ne sait pas que faire et on s'est habitué à la puanteur ou a oublié le problème.

Ce n'est pas seulement ridicule, mais carrément choquant et honteux. Il fallait simplement aller voir qui déverse et de lui demander d'arrêter.

Partage

Participez à l'élaboration de ce texte s'il vous plaît. Votre contribution sera publiée dans les fascicules suivants. C'est ensemble que nous réfléchissons à notre futur.

« Fascicule » vient du mot fardeau. Alors, délestons-nous.

Vous êtes invités à contribuer au

Grand Concours
de Participation

avec des textes à la machine, à la main, ou audio-enregistrés,
en dessin, bande dessinée, ou photographies

des histoires illustratives, des témoignages, des analogies

envoyer à : evarenee6@gmail.com
adresse postale : Place des Halles 4, 2108 CH-Couvet

Premier Prix pour tout le monde** : **tout sera publié intégralement
*dans **les fascicules** suivants*
à condition que le texte soit légal.

Si ces fascicules devraient générer un profit,
nous pourrions toujours le partager.

Devinette – Quiz 1

Que pensez-vous que serait la conclusion à propos des gens ?

Système de vie

L'ensemble complexe d'éléments naturels qui fait fonctionner notre vie, l'écosystème, ressemble à un immense filet avec ces cellules/mailles, ces circuits d'énergie, ses transmissions de messages par substances chimiques et ses réactivités sensibles. Comme notre cerveau.

Chaque maille est identique, mais a une raison d'être propre à elle, choisie par les nécessités évolutionnaires donc adaptée et indispensable.

L'homme n'a pas plus d'importance dans l'ensemble, seulement plus de responsabilités, les animaux, végétaux et bactéries ne pouvant pas penser.

Si une maille bouge, elle étire un peu toutes les autres dans le filet entier et l'aspect de l'ensemble change. Une vraie solidarité ou interdépendance, tous liés au même fil.

Après cela, c'est impossible de tout remettre à sa forme initiale.

Le filet est en perpétuel mouvement par toutes les activités de la vie. On ne peut pas se désolidariser du filet, cela ferait un trou, c'est inconcevable.

Actes politiques

Qu'on le veuille ou non, nous tirons sur une maille du grand filet chaque fois que nous agissons. On peut appeler cela un acte choisi, donc politique, de politikos, qui veut dire « citoyen ».

Par exemple, chaque fois que nous opérons l'interrupteur pour allumer, c'est un acte politique. En fait, pas si insignifiant que cela... I ou 0 ? Allumer ou économiser ?

Le cerveau humain dans son fonctionnement ressemble à l'écosystème (le filet) en tous points de vue.

Ce n'est pas surprenant :

l'un fait l'autre

Il y a d'autres éléments corrélés à la structure du filet :

l'atome
la cellule
le cosmos
le cerveau
l'Internet

Devenir

Nous avons une capacité d'adaptation étonnante. C'est notre valeur et notre danger.

On peut observer que les records athlétiques augmentent, l'adaptation aux moyens électroniques par les enfants est bien supérieure en comparaison à celle de leurs grands-parents, les exploits physiques et mentaux sont de plus en plus poussés, la vie possible dans l'espace.

Nous pouvons survivre en respirant de l'air de plus en plus pollué, et en mangeant de la nourriture ultra-transformée presque artificielle.

Ce que nous apprenons devient acquis, et éventuellement inné, puis passe aux générations suivantes par un code génétique qui influence la fabrication d'organismes vivants (ADN).

Devinette – Quiz 2

Qu'est-ce qui donne un sens à notre vie ?

Chance

Image du monde :

Nous avons une image de tous ceux qui vivent sur terre et la possibilité de communiquer avec eux grâce aux multiples satellites.

Image du cerveau :

Les chercheurs sont capables de créer une imagerie cérébrale qui montre les régions qui s'allument et sous quelles stimulations. Donc, dès à présent, nous possédons une image de notre fonctionnement.

Nous pouvons alors voir les mécanismes liés à notre comportement, donc mieux le gérer, et mieux choisir la direction que nous désirons prendre ensemble.

L'homme ne fait confiance et n'apprend vraiment que grâce à ce qu'il voit lui-même. Le reste ce sont des théories, des croyances, des convictions, des spéculations, des suppositions que tout le monde comprend différemment.

Témoins

Nous n'agissons activement avec motivation et animation qu'en fonction de ce que nous voyons ou vivons nous-mêmes, parce que c'est la vraie vie..

Tout le reste de no agissements se fait sous menace ou contrainte. Conséquences des mouvements d'autres mailles.

Cannabis

Ce texte « cerveau » se réfère au cerveau adulte, c'est-à-dire celui de quelqu'un de plus de 25 ans. Cet organe n'est mature qu'à cet âge, son adolescence est longue.

Pendant sa formation il est important de le laisser faire, par exemple de ne pas lui ingérer des substances psychoactives même pas de la marijuana. Il a déjà ses endo-cannabinoïdes (son cannabis naturel) qui seraient perturbés par un apport extérieur, et cela ouvrirait la porte à la dépendance toxicomaniaque, c'est-à-dire une vie en esclavage.

Les jeunes devraient recevoir cette information. Mettre le joint de côté jusqu'au 25e anniversaire !

Drogues

L'opium et les drogues dérivées sont une intrusion destructrice dans le fonctionnement instinctuel d'une personne. Ils submergent l'endorphine naturellement présente dans le cerveau et causent un retrait social et une vie dans l'ombre. Une fois qu'on a commencé un apport externe de ces substances, il faut continuer à en ingérer pour ne pas se sentir horriblement mal.

Les drogues et l'alcool causent la perte d'une grande partie de l'autonomie personnelle. Pour s'en sortir, il faut une approche spécialisée pour soutenir une restructuration mentale et l'apprentissage de la gérance des pulsions. C'est tout à fait possible si pendant les cinq jours de sevrage l'endorphine est stimulée pour s'activer pour ne pas laisser la personne sans rien. Une faible stimulation électrique des cellules nerveuses les réveille pour qu'elles reprennent leurs fonctions.

Paresse – Créativité

La paresse dans le sens péjoratif du terme n'existe pas. Cela ne fait pas partie de la nature. Toujours accorder le bénéfice du doute à soi-même et aux autres lors de la prise d'un repos intempestif.

Le cerveau prend de la nourriture et élimine les déchets comme le font toutes les cellules de notre corps. S'il est trop sollicité, il devient déréglé et n'arrive plus à éliminer et faire son travail.

Les liens qu'il doit établir sont notre créativité qui est essentielle à notre développement personnel et social, et elle nous définit.

Il est nécessaire de s'arrêter de temps en temps et de respecter le travail d'assimilation et de créativité, sans s'exposer à des distractions.

Il est urgent qu'on accommode les besoins de sommeil des adolescents, car à cet âge leur cerveau a beaucoup à faire pendant qu'ils dorment.

Le cerveau est capable de développer en automatismes les choses que nous lui demandons souvent. Nous devons alors plus réfléchir et décider à chaque fois, mais le cerveau en soi n'est pas autonome.

Subconscient collectif

Il n'y a pas longtemps, on l'appelait « inconscient collectif ».

Ça va de :

coma – inconscient – subconscient – conscient.

Par conséquent, nous nous réveillons !

Nous faisons partie d'une force collective et universelle.

- *Par exemple, une même idée voit le jour à différents endroits du globe et même temps (même avant l'existence de l'Internet)*

Notre conscience peut nous faire voyager dans le temps et dans l'espace, par exemple l'expérience du « déjà-vu », ou savoir qu'un proche a eu une mésaventure avant qu'on en soit informé, ou bien elle permet la voyance, pour prédire l'avenir.

On peut apprendre ou aiguiser ces habilités grâce à un effort et de la persévérance.

Il doit y avoir une mémoire lointaine en nous. Tout ce qui est vivant a évolué par rapport à tous les autres vivants.

Nous nous sommes adaptés selon les besoins, ce qui a créé une diversité d'êtres vivants, tous avec un rôle précis.

L'homme possède des attributs qui le rendent responsable de lui-même et des autres. Qu'il les comprenne ou pas.

Dès à présent, il doit également co-évoluer avec l'intelligence artificielle qu'il a créée avant de bien connaître et maîtriser la sienne, ni d'avoir appris à s'accommoder avec l'humanité entière.

Intelligence Artificielle (IA)

Il s'agit de logiciels qui s'écrivent eux-mêmes.

Ces logiciels sont encore considérés comme des nouveau-nés, car ils ont encore beaucoup à apprendre. Mais déjà, l'ordinateur Watson IBM peut digérer deux cents millions (200 000 000) de pages d'information en trois secondes ! Que saura-t-il alors comme adulte ?

Un logiciel ne pense pas, et n'a pas de stratégies ou de plan comme nous.

Par exemple, il bouge ses pions d'un jeu d'échecs n'importe comment, mais mémorise toutes ces possibilités et leur conséquence pour éventuellement pouvoir choisir dans cet immense répertoire comment les bouger pour gagner.

Ces logiciels évoluent sans nous. Il n'est pas possible de les arrêter. Le plus grand d'entre eux se trouve en Chine, et d'autres grands logiciels se situent aux États-Unis d'Amérique. Ils sont issus et financés par les technologues de défense, et chercheurs sur les armements…

Enlever le courant électrique à l'ordinateur, simplement ? C'est possible. Il n'est qu'un objet.

Mais nous, on est vivant. C'est la nature, pas l'électricité qui nous nourrit à condition que nous travaillions avec elle pour qu'elle produise de quoi manger, ce qui prend du temps et de l'organisation pour la distribution et la facturation, des fonctions reprises depuis quelque temps pas l'ordinateur.

Si on retirait la prise électrique, comment survivre pendant la transition, le retour en arrière, comment nourrir des cités entières, tous les jours, dès le lendemain du retrait du courant des ordinateurs ?

Nous

L'intelligence artificielle (IA) apprend donc très vite. Nous apprenons aussi constamment, mais de façon plus entière, grâce à un processus complexe et flexible.

Lequel des deux a l'avantage sur l'autre ?

Notre cerveau établit des circuits neuronaux en fonction des préférences du moment, des habitudes et des traits culturels adaptés à l'environnement dans lequel nous vivons, et nous avons le jugement et la volonté, ce qui manque à la machine.

Ce que l'intelligence artificielle établit dans ses circuits est permanent elle peut seulement l'agrandir et le développer.

Quelle préséance les techniciens informatiques ont-ils programmée au départ pour guider leur développement ?

Nous pouvons remettre en question notre objectif à tout moment.et continuellement adapter les circuits de fonctionnement à l'environnement. Notre style d'interaction personnelle est différent par exemple si nous parlons à une personne âgée ou a un jeune enfant.

Pour cela, nous devons naturellement bien connaître notre cerveau pour l'aider à intégrer la nouvelle information et permettre le temps nécessaire. Nos processus à nous sont bien plus lents que l'IA, mais ils ont du sens social, relationnel.

Affrontement intracrânien

Nous possédons chacun deux « cerveaux » qui n'opèrent pas de la même manière et la plupart du temps ne sont pas d'accord l'un avec l'autre !

Si chaque personne adulte prenait en main la gérance de ce conflit sous sa boîte crânienne, celui-ci ne s'échapperait pas pour se retrouver dans notre comportement, nous faisant vulnérables, hors contrôle, et en conflit avec d'autres.

Pour simplifier à l'extrême :

<u>Paléocortex</u> : engendre l'action immédiate, automatique, par instinct « humanimal », qu'on soit d'accord ou pas, donc pas de réflexion. Il déclenche également un réflexe archaïque dans une situation de danger : paralysie, combat ou fuite.

Une partie du paléo joue un rôle important dans la toxicomanie et d'autres addictions.

<u>Néocortex</u> : demande plus de travail : ajouter à l'image la pensée, puis traduire l'expression de la pensée en mots (c'est souvent là le hic), ce qui est suivi par la décision de l'action, donc un processus long et compliqué (l'autre hic). Un léger désavantage sur l'autre.

On peut aussi considérer qu'une partie du néo joue un rôle similaire à l'addiction.

Troisième partie du cerveau

Tout ce que la personne ne peut pas comprendre, ou ne sait pas encore, le cerveau propose une alternative pour créer la paix. Le conflit n'est alors pas résolu et rien de nouveau n'est appris.

Elle propose des croyances. Les croyances ne guérissent rien. Sans le vouloir, elles sèment plutôt la zizanie de confusions et de désaccords entre les gens et surtout créent le doute pour l'homme en sa capacité propre. Il devient un peu incertain et soumis, ce qui va mal avec son rôle.

Énergie

Pour que l'énergie bouge, il faut deux points ou pôles (cathode et anode) et il faut contact .Une solution chimique, fait office alors de conducteur.

L'énergie peut être accumulée dans une batterie, fournie par simple exposition à la lumière, ou par un courant électrique extérieur, puis sauvegardée jusqu'à être restituée à l'utilisation plus tard.

Notre vie relationnelle fonctionne sur les mêmes principes que piles et accumulateurs. Chacun de nous orchestre ses propres énergies.

Bien sûr, la respiration, et le cœur restent constamment actifs à pomper pour nous garder en vie, sans relâche, la digestion de même. Ce n'est pas à nous de faire. Notre tâche est de gérer l'énergie relationnelle.

Nos accumulateurs peuvent être chargés de divers substances énergétiques selon notre comportement ou nos préférences Nos émotions, positives ou négatives, sont capables de puissance énergétique. Les batteries ne discriminent pas.

Il faut :

*charger - garder - attendre de faire contact pour décharger (**piles**)*

*charger - garder - attendre de faire contact pour décharger (**personnes**)*

L'énergie électrique est fourni à l'intelligence artificielle, d'une source extérieure, tandis que les personnes bénéficient d'un système interne énergisés biogéniquement. (bio = vie, genèse = manière de se développer)

Charger :
Le soleil aide à charger. Il y en a qui puisent dans le divin, le mysticisme, dans l'amitié ou la joie de vivre pour que la charge soit le plus bienveillante que possible.

Garder :
Les piles gardent leur charges jusqu'à utilisation. Si elles contiennent de la rancune, par exemple, celle-ci sortira tôt ou tard. Si on accumule trop de ce qu'on ne veut pas, on risque de devoir s'isoler, car au prochain contact, tout risque de se déverser.

Décharge :
Quand les pôles sont reliés et le contact est fait, le contenu est restitué par le flux d'énergie. Nos choix définissent sa qualité et ses caractéristiques, donc en partie notre personnalité et jouent un rôle dans notre entente avec les autres.

Puisque ses batteries doivent être rechargés après utilisation, on peut changer la caractéristique de leur affrètement. Un apprentissage grâce à une rétroaction.

Dans le langage courant on dit :

« Mes batteries sont à plat » « Il faut se ressourcer » « Tu peux vider ton sac » « Tu es très tendu» « Tu es négatif pour tout »

Gérer ses sécrétions cérébrales

Elles sont interdépendantes avec nos activités.
Des substances hormonales différentes pour chaque état d'être:

Exemple : L'homme des cavernes.

1. *le chasseur est chez lui, tranquille – sécrétion de chimie =* ***content passive***
2. *il commence à avoir faim – sécrétion de chimie =* ***faim***
3. *il va à la chasse – sécrétion de chimie = alerte* ***tous les sens éveillés*** *– peur, être prêt*
4. *il voit sa proie et s'apprête à tirer – sécrétion de chimie =* ***concentration*** *sur la proie, vison tunnel*
5. *il réussit à la tuer – sécrétion de chimie =* ***fierté, excitation, exaltation***
6. *il la ramène chez lui et mange – sécrétion de chimie =* ***réussite et récompense***

et ***de retour***

1. *il digère et se repose – sécrétion de chimie* ***1.*** *contentement passivité, anesthésie.*

Toutes ces sécrétions (et beaucoup d'autres) sont différentes et chacune a un nom. Donc les scientifiques les ont détectées et classées. C'est ainsi qu'on a mieux compris les messianismes des addictions.

Pour apprendre à sentir ces sécrétion consciemment, il n'y a qu'à essayer à transposer l'histoire de l'homme des cavernes dans notre vie, pour se rendre compte combien de temps il faut pour le meilleur effet de chaque hormone. On peut essayer le cycle décrit du chasseur, avec toutes les étapes.

Utilisant ce modèle, on peut atteindre ces sensations en provoquant ces jets de substances qui dépendent de nos activités.

1. ***Être confortable et tranquille** :*
se coucher, faire le vide dans la tête

2. ***Se pousser à agir***
évoquer en soi l'image de ce qui est désiré, un bon repas par exemple, et faire un plan d'action, cuisiner et servir

3. ***Fièvre de l'action, oublie du temps et fatigue***
faire quelque chose qui nous excite et nous donne de la satisfaction par notre compétence. Faire un sudoku, un puzzle, jouer d'un instrument, une invention, une peinture, sculpture, un bricolage, un poème, un jeu.

4. ***Parfaite concentration sur l'action***
faire de la méditation permet d'effacer tout, autour d'un point précis qu'on regarde, ou en se concentrant sur sa respiration.

5. ***Jubilation, sentiment de fierté***
cela peut être atteint en faisant du sport, en battant ses propres records. Ou bien quoi qu'on sache faire, le faire un peu mieux, plus vite, plus précisément.

***Récompense** se savoir compétent, avec estime et confiance de soi, s'en réjouir.*

Jets de chimie

Avant une compétition de sport, un athlète fait le signe de croix ou des gestes rituels de son choix, visibles ou en pensée.

Est-ce que cela aide sa performance ?

S'il croit qu'une force supérieure est nécessaire, qu'il ne se suffit pas à lui-même malgré tout le travail d'entraînement et de préparation, cette aide et d'assistance qu'il invoque risque de le détourner de sa concentration, il délègue un petit peu de sa force, c'est un affaiblissement. Une performance gagnante a besoin de toute l'énergie mentale et physique qu'on peut donner.

Dans un autre cas, pour une performance qui demande du calme, ce geste peut déclencher des hormones calmantes. Ainsi ce rituel l'aiderait et il ferait mieux.

Il est nécessaire pour un artiste d'avoir le trac avant d'entrer en scène, sa performance n'en est que meilleure.

En période d'examen, on a remarqué que lorsque les étudiants jouent avec de jeunes chiens pendant les pauses, leur cerveau fonctionne mieux, ils ont plus de facilités à se concentrer et à répondre correctement aux questions. La chimie adaptée s'est déclenchée.

Notre cerveau a plusieurs protocoles pour gérer des vécus pénibles. Il utilise le déni, l'oubli et la résilience pour nous servir. La nature fait tout pour nous être agréable. Cela nous « endort », mais ne nous améliore pas.

Lorsque la résilience s'installe, on se remet rapidement après un événement traumatisant. Elle fortifie et durcit ainsi notre endurance pour que l'on puisse continuer de fonctionner.
Ce n'est pas une guérison.
Elle entraîne d'ailleurs un effet secondaire qui n'est autre que le risque d'empêcher la compassion.

On craint que les enfants nés, et vivant leur jeune âge dans une zone de guerre, peuvent tuer sans états d'âme pour l'avoir trop vue et vécue comme une norme.

S'ils ont perdu leur famille et n'ont pas d'images d'amour et de paix, auront-ils d'autres choix que de se laisser défaire ou de devenir terroristes ? Ou bien le contraire ? Il se peut qu'ils se retrouvent entre eux ou que la tendance humaine ne fait pas que nier, mais libère des nouvelles forces du bien, que ces enfants deviennent alors plus attentionnés que les autres ?

Est-ce que la plupart des prisonniers criminels ont trop de résilience pour quelque raison, et on les décrit comme « sans conscience » (du mot « savoir avec l'autre ») et sans empathie ? Ils sont alors diagnostiqués comme pathologiquement antisociaux et enfermés sans chercher plus loin.

Des projets pilotes ont montré l'énorme avantage si on instaure la justice restaurative, l'auteur du crime peut rencontrer la victime. Ils peuvent se rendre compte de l'humanité de l'autre, ce qui aide les deux. Ce n'est plus qu'un « cas », ou un « dossier ».

Invisible

On vit dans un univers plein de vitalité dynamique :
la lumière, donc la chaleur, l'électricité et le magnétisme,
les trois choses présentes en premier, depuis le grand-boum.

Deux mouvements compensateurs animent tous les corps (plantes, animaux, terre) : « l'expir et le respir. »

L'expansion : la force est le mouvement expansif
(esprit, pensées, lumière.)
La contraction : la forme est le réceptacle transitoire de la force
(formes matérielles, d'êtres et de choses.)

Par exemple une montagne : si on y creuse un tunnel, c'est l'inspiration, et qu'elle s'effondre dessus, c'est l'expiration. Il faut s'y attendre.

Il est facile de voir la lumière. Personne n'en doute. Pour nous c"est notre soleil.

On peut sentir le magnétisme et en voir les conséquences, comme les marées des océans, l'interaction entre la terre et la lune, et on le sent en soi, comme une inspiration poétique ou artistique.

Il y a cinq ondes cérébrales, toutes de fréquences différentes,

α β γ δ θ

L'homme moderne a un peu négligé de développer ses sens, comme l'ouïe, l'odorat, le toucher, les manifestations de vie en lui. Pourquoi se désensibiliser ?

Les pigeons voyageurs ont une particule de fer dans leur bec, qui les aide à trouver leur chemin. Les hommes ont du fer dans leur sang. Sont-ils sujets au ferromagnétisme ?

Se connecter à d'autres cerveaux

Le cerveau a également une fonction ***connective*** *avec d'autres cerveaux (humain ou animal) grâce en partie aux sécrétions hormonales connues dès lors, la myokine qui provient des muscles.*

On peut observer la connexion en regardant deux personnes marcher ou danser ensemble. S'ils s'entendent bien, après seulement quelques pas, elles sont dans le même rythme, en parfaite concordance, sur la même longueur d'onde.

Ce phénomène peut être observé avec les acrobates de haute voltige, ils s'attrapent au juste moment. Il y a une parfaite synchronicité entre eux, ou avec les musiciens dans un ensemble. Qui dans la vie ne cherche-t-il pas cela ?

Témoignage :

L'autre jour, une rencontre sur le chemin. Nous étions immédiatement « connectés », une entente parfaite et une conversation animée. Mais, pendant un discours un peu trop long, on pouvait sentir que l'autre se désintéressait et coupait le courant sans faire le moindre mouvement. D'un coup, on a l'impression de parler dans le vide et on peut observer comment l'autre écoute poliment, alors on va jusqu'au bout de ce qu'on voulait dire, poliment. Cette déconnexion est très ostensible, mais bien sûr pas mentionnée.

Déranger

On peut également être connecté avec une foule de gens. Par exemple lors d'un match de football. Les cerveaux opèrent sur : « automatiquement accordés ».

Pour tester la véracité de cela, il n'y a qu'à crier à contretemps pour l'équipe adverse, et tout le monde nous tombera dessus. Un bruit faux a interféré avec la connexion en créant une dissonance dans les autres cerveaux. La première réaction des gens est de se fâcher et de vouloir se débarrasser de l'intrus, car du coup tout le monde dut réenclencher le raisonnement, réfléchir et décider comment continuer.

Si on est dans ce groupe et plus d'accord, il suffit de faire quelque chose qui détonne ! Créer une dissonance à la Beethoven.

Cette seule note en désaccord a coupé l'harmonie de tous. L'onde d'énergie est dérangée. On a créé une discorde, une tension bénéfique, sans devenir révolutionnaire ou terroriste.

Une dissociation telle ne peut se faire qu'à un moment propice avec les personnes sur la même longueur d'onde.

En général, ne pas être d'accord est une bonne chose, car cela nous avance.

Si d'autres suivent l'idée de désolidarisation, le cerveau exécutif de chaque individu se met à fonctionner indépendamment des autres. Il s'est réveillé, on peut choisir.

À tout moment on doit être prêt à interférer avec des ondes si on suspecte un danger, souvent, s'il y a trop d'harmonie.

Créer la disharmonie anti-erreur, pas la terreur.

Devinette – Quiz 3

Quel est le mot désignant une croyance qui est la plus séduisante et convoitée par l'homme, mais ô combien malfaisante ? Comme toutes les croyances, il ne fait pas partie du filet interactif.

La loi de la jungle

*Les animaux se mesurent l'un contre l'autre, pas dans le but de dominer, mais en premier lieu c'est une sélection du plus sain pour procréer une nouvelle génération, encore meilleure. Le gagnant inspire du respect à la meute, qui le suivra. Chez les loups, les meneurs sont le couple **α**.*

Pour les gens,

Plus il y a des gagnants, plus l'humanité perd .

Croyances

Si l'on regarde un être humain dans sa beauté de fonctionnement, comme on regarde une jolie fleur dans la sienne, alors on ne comprend pas pourquoi on tient tant à la croyance qu'on est bon et mauvais à la fois.

Qu'est-ce qui se passerait si on arrêtait de se considérer comme à moitié mauvais ?

La seule évidence du contraire, que nous avons heureusement encore, est de pouvoir observer des tribus humaines et leur fonctionnement loin de toute « civilisation ». Il n'y a pas de « signes » de mauvais, ce sont des gens souriants. Il y a une harmonie dans leurs interactions malgré peut-être une vie très dure. Ils ont un grand respect pour eux-mêmes et les autres sans s'en rendre compte et sans aucun endoctrinement. Ils semblent mieux comprendre que nous comment être humain. Ils ont des relations très respectueuses envers les animaux et les plantes. Ils ont un savoir-vivre que nous avons laissé de côté, mais dont nous avons maintenant urgemment besoin.

L'homme contribue à une évolution continue. Ne rien faire, bien faire, mal faire, tout change quelque chose.

La vie est un processus continu, ***la réussite n'en est pas le but****. Comme tout, dans la nature, il n'y a qu'adaptation.*

Nous ratons tous notre vie, ce n'est pas pour rien qu'on dit : l'erreur est humaine.

Si l'homme faisait les choses « justes », il n'y aurait pas de vie. Une planète de robots faisant tout parfaitement ne mène nulle part ! Nous faisons partie d'un système de vie, pas d'un système de mort. Nous sommes tous des artisans.

C'est une bonne chose à accepter. Cela ne nous rend pas à moitié mauvais. Il semble que plus on est civilisé, plus on ne sait pas cela.

Donc, pas besoin de nous appuyer sur des croyances fantasmagoriques : la perfection, la sécurité, le droit, la possession, les lois, le pouvoir, le destin.

Ce qui est différent de : la réflexion, le choix, la décision, l'apprentissage, la détermination et la responsabilité, qui sont nos outils nécessaires pour notre fonction et notre rôle.

Quiz 1 - Réponse

L'homme est inconditionnellement merveilleux.
Il n'est pas sensé réussir la vie,
mais d'y contribuer ses attributs uniques.

Quiz 3 - Réponse

Le pouvoir

Le choix du mot pouvoir peut induire en erreur. Le couple de loups alpha n'a pas plus de pouvoir, mais est plus apte.

Réponse Quiz 2

Notre vie se joue sur notre disposition à faire des choix. Pour choisir, on doit se libérer des jugements adaptés aux circonstances du passé, donc continuellement prendre des risques, et rester curieux.

Toujours pousser l'enveloppe plus loin, peut-être même tout seul s'il faut.

C'est cela la liberté : prendre des décisions, si elles sont bonnes ou mauvaises, se montrera après coup et guidera les décisions futures, car on a changé la donne.

Donc on est constamment dans l'incertain. C'est cela « accepter à ne pas réussir ». L'adaptation n'arrête pas et elle donne un sens à la vie.

Tout ce que l'on est et ce que l'on fait et qu'on ne fait pas, s'inscrit dans la vie de tous. Donc.. Impossible de se dérober.

S'accrocher aux indications visibles pour aller dans le sens de la nature au lieu d'une idéologie.

Cela n'empêche pas de nous exprimer en formulant un sens par notre créativité par l'art, la poésie, la musique, les arts visuels, quelque chose que les arbres ne peuvent pas faire.

Dieu

Dieu (deus, en latin) = veut dire : briller, donc une notion de lumière.
Ce mot deus est la même racine que Zeus et Jésus.

Ou bien : Jéhovah (en hébreux :Yahve) I.O.A.H. (azote, oxygène, hydrogène) en français : l'existant, qui fait devenir.

En effet, la lumière nous permet de voir, elle nous guide. Sans elle, on serait dans l'ombre à tâtonner et ne pas savoir comment continuer. Nous l'aimons tous.

Le soleil est là pour tout le monde, pas besoin de faire du prosélytisme ou vaincre qui que ce soit.

Le shaman ne parlerait pas de son esprit-guide, par respect de son intimité avec cet animal. Les animaux étaient toujours importants dans nos occurrences évolutionnaires, ils font partie de nous. D'ailleurs nous savons cela parce que nous qualifions une partie de nous-mêmes : « ma seconde nature ».

« Croyez-vous en Dieu ? » Cette question est posée comme double contrainte intimée à quelqu'un qui ne peut satisfaire l'autre sans l'offenser.

On met la personne à laquelle on pose cette question dans le registre des croyants en Dieu pour le forcer à dire oui ou non (être athée), donc, dans leurs yeux, à affirmer ou nier leur vérité, sans autre choix. Donc pas de réponse possible, une injonction paradoxale. La personne qui la pose est donc fermée à d'autres manières de penser à la vie et ses beautés et mystères.

Définitions

On peut trouver les définitions suivantes :

Le ***croyant*** *affirme l'existence de Dieu ou la* ***possibilité*** *qu'il y ait un Dieu.*

*L'****athée*** *affirme que Dieu n'existe pas.*

*L'****agnostique*** *se garde de tout* ***jugement*** *et se dit ignorant sur la question : il refuse catégoriquement de trancher. (Dans ce dernier commentaire, on voit clairement l'absence de choix, un préjugé de celui qui a écrit cette explication dans Wikipédia.)*

Les philosophes et sociologues, dans leur rôle d'étudiants par méthode scientifique objective, sont dans un conflit d'intérêts s'ils sont membre d'un religion organisée puisqu'ils sont endoctrinés. Une partie du domaine qu'ils tentent de comprendre et de décrire est teinté par leur préjugé, un élément subjectif important.

Jardin d'Éden

Il y eut harmonie et entente entre toutes les espèces comme cela devrait être.

Puis il y eut une loi (une toute petite loi : tu ne mangeras pas de cet arbre), un test pour départager l'homme des autres espèces. Serait-il digne et à la hauteur d'assumer son rôle d'un être capable de réfléchir, peut-on déléguer de la responsabilité à lui ?

Comment allaient Eve et Adam gérer cette intrusion ne comprenant pas les implications ? S'il y a harmonie continue, pourquoi mettre en place une exception ?

Eve a alors décidé de braver la loi pour montrer qu'elle était investie dans la bonne entente et qu'elle pouvait s'assumer en la transgressant. Elle a accepté le défi et croqué dans le fruit défendu, et ingurgité la connaissance du bien et du mal, donc la conscience.

Mais la peur s'est alors emparée de Adam, il n'avait pas compris la subtile épreuve, il avait mangé du fruit lui aussi.

Il a fait du défi une désobéissance, une chose qui n'existe pas dans ce milieu. Une interaction dictée n'est pas harmonieuse. Mieux vaut marauder, un geste acceptable qui n'engage que soi-même, que de vivre soumis.

Selon le mythe, le bon-dieu-créateur s'est fâché, et a chassé le couple du jardin !

Si Eve avait fait du mal à un animal, ou à une plante, on comprendrait cet envoi comme une punition. (pas renvoi)

Si la punition existait qui serait le bourreau ? Nous n'aurions pas besoin de notre bonne et mauvais conscience.

Soumission

En continuant avec ce mythe

La soumission d'Adam à une autorité supérieure met à risque l'individuation humaine, les gens soumis étant dysfonctionnels. Eve a abdiqué par solidarité envers Adam et par nécessité.

Dans notre interprétation, ils ont manqué leur chance pour l'indépendance. Le fruit était l'objet transitionnel qui leur aurait permis d'atteindre leur potentiel et de montrer qu'ils étaient prêts et capables d'assumer les responsabilités du bien et du mal et d'endosser leur rôle humain avec leur code moral à eux.

Punition

Un parent peut donner des câlins tous les jours à son enfant pendant des années, l'aimer subvenir à tous ses besoins, et le gifler une fois.

Le fils ou la fille se rappellera toujours surtout de la gifle, la mémoire l'a marquée de façon indélébile. Les câlins, ça va de soi, une attente naturelle, pas besoin de se rappeler de chacun.

La gifle fait mal, mais souvent moins qu'une blessure en se coupant. Malgré cela on oublie le mal qu'a fait la dernière, mais pas celui de la gifle.

Le « mal » n'est pas le parent lui-même, on sait qu'il nous aime, mais vient du lien interpersonnel avec lui le jour de la gifle parce qu'il était chargé émotionnellement. Les émotions prennent origine dans les relations entre soi et autre, et nous alertent en cas de dysfonction..

Avoir mal à cause de quelqu'un qui nous fait mal = reste en mémoire = possibilité de danger
Avoir mal par maladie ou blessure fortuite sans lien = se soigne et s'oublie

C'est pour cela que la torture est si horrible ! C'est infligé exprès. Les guerriers laissent tomber les bombes des avions, pour ne pas sentir ces liens avec leur victimes.

Le gifleur et le giflé se souviendront de l'acte erroné. Si on oubliait, les relations humaines malsaines s'accumuleraient et provoquerait une passivité humaine en attente de la punition qui ne viendra pas. La vie relationnelle prime donc sur l'individu, avec une fonction régulatrice.

Il n'y a pas de punition dans l'écosystème. Elle n'existe pas.

Obédience

Stanley Milgram, un psychologue à Yale Université, a mené une expérience axée sur le conflit entre l'obéissance à une figure d'autorité qu'on juge légitime et la conscience personnelle.

L'expérience était faite en deux temps et a donnée ceci :

En 1960/63, l'obéissance a mené les candidats à presque tuer, sachant que c'était horrible et qu'ils ne voulaient pas le faire.

La soumission à l'influence a clairement montré que l'on peut transformer quelqu'un en bourreau très facilement. Il devient dangereux.

Les années d'avant auront probablement donné le même résultat.

Dès 1968, s'installa dans l'esprit des candidats une forme de méfiance envers l'autorité. Ils résistaient, acceptant d'être plus en accord avec leur morale personnelle et leur libre arbitre qu'avec l'autorité.

Cela a démontré que l'attitude d'obéissance peut changer grâce à une prise de conscience collective. En 1968, des mouvements sociaux et des révoltes ont mobilisé les gens dans le monde entier. Ce changement s'est-il inscrit dans nos gènes ? Si l'on faisait le test encore une fois… ?

Non

Une patiente très âgée et en déclin n'a pas osé dire à son médecin qu'elle ne voulait plus qu'il prescrive des interventions médicales intrusives. À son époque, cela ne se faisait pas de dire à son médecin ce qu'il devait faire. Mais sa fille lui dit qu'elle pouvait dire « non ». Son soulagement fut grand, elle pouvait enfin trouver la paix.

Comment dire « non » ?   = ainsi : « non. »

C'est plus poli d'être clair et de dire simplement : « non »
On dit bien « oui » tout seul.

Dès qu'on ajoute un qualificatif, on affaiblit ce mot important, le remettant en question et donnant ainsi à l'autre l'impression qu'il doit y répondre ou faire quelque chose.

Si on y ajoute quelque chose :

« Non merci »	*= malgré tout, c'eut été apprécié. Au lieu de merci, on pourrait dire que c'était gentil d'avoir pensé à elle.*
« Non, pas du tout »	*= ajoute une idée de degré*
« Non, désolé »	*= fait réagir : tu regrettes, on peut arranger ça*

« Non, je ne peux pas » = mais tu aurais voulu ?

Égalité des sexes

Les cerveaux des hommes et des femmes sont les mêmes. Ils sont adaptés aux rôles qui sont différent, leur jets hormonaux différent selon le besoin de la tâches d'un père et la tâche d'une mère.

Le jour de la fête des mères, chez les Indiens Shoshone, nous avons fait un feu de camp, symbolisant la vie, et les gens tout autour du feu. Puisque c'était la fête des mère, on a fait deux cercles de gens aux bras entrelacés, symbolisant leurs rôles dans la famille, en société.

- *cercle intérieur : les mères et les autres femmes : avec les enfants :*

- *cercle extérieur : les pères et les autres hommes : protecteurs*

Il s'agissait de rôles, pas de sexes L'enfant a besoin que les deux parents.

Pour élever un enfant les femmes ont besoin d'autres femmes. Pour protéger les femmes et enfants les hommes ont besoin d'autres hommes

Les besoins de l'enfant comptent en premier.

Messages Chrétiens

Les messages que nous a apportés Jésus Christ sont présentés de façon simple et symbolique par lui, pour que tout le monde puisse comprendre.

Les symboles sont forts, parce que importants.

Ses messages principaux :

1. *Son ostensible agonie sur la croix montre que l'homme ne peut pas faire tout juste, qu'il est vulnérable.*

2. *L'encourageante Pentecôte, chacun reçoit une petite flemme sur sa tête, la lumière pour le guider dans les actions. (sur la tête, pas ailleurs sur le corps.)*

Quiz 4 - Devinette

Quoi qu'on fasse on ne peut pas ôter le mal qu'on a fait.
On peut se tordre, prier, penser, rien n'y fait.
Pourquoi ne peut-on effacer le mal qu'on a fait ?

Racisme

Il suffit d'aller chercher quelques définitions pour se rendre compte qu'il y a confusion avec le mot races.

Races *: sorte, famille, ordre, catégorisé*

Espèces *: vue, regard, aspect, apparence*

indexées par des biologistes en 1942 (!)

Primates *: mammifères supérieurs*

classés par des primatologues en 1795
pour avoir un placenta, et des ongles

Aucun des trois termes ne nous aide. En quoi cela nous avance que ces scientifiques parlent de lémuriens, tarsiens, simiens, et hominiens ?

Alors, comment parler des différences entre les êtres vivants ?

On propose ici cinq catégories selon les rôles différents, par conséquent pas de hiérarchisation, chacun est le meilleur expert de son rôle.

1. végétal 2. animal 3. homme 4. micro-organismes
5. exoplanétien.

Le mot ***racisme*** *: on juge indigne d'estime, d'égard, d'attention.*
Le mot ***mépris*** *: le préfixe « mé » = faux, synonyme de*
dé = diviser, et « priser » = estimer
médisance *: « mé » = faux, dire du mal de quelqu'un.*

Le racisme a à faire avec la qualité du lien entre deux personnes,de sa compréhension et utilité
Il peut être inexistant ou non-reconnue.

Illustration de racisme

Vous élevez un louveteau et un chiot de même taille et apparence. Ils s'attachent à vous, jouent avec vous, obéissent de la même manière.

Quand ils sont des animaux adultes, vous faites un test.

Mettre une friandise dans une cage avec un ruban attaché qui dépasse de la cage.

Les deux animaux comprennent qu'on n'ait qu'à tirer sur le ruban pour approcher l'objet convoité et ainsi l'attraper.

Puis vous faites un changement. Le ruban qui dépasse toujours, mais qui est retenu dans la cage. Si on tire sur le ruban, on tire la cage entière, mais pas le morceau.

Pour ce deuxième scénario : vous faites signe à votre loup d'aller chercher la friandise. Il va tirer sur le ruban, mais ne fait que secouer la cage, il va s'énerver, frustré. Dans la nature, il chercherait probablement sa meute pour plus de force.

Vous faites le même test avec votre chien. Il n'arrive pas non plus à retirer la friandise. Alors il vient d'abord vers vous et vous fait comprendre qu'il a besoin de votre assistance. Les chiens font cela très bien, parfois avec des yeux implorants aussi avec une personne inconnue.

Le loup n'est pas entré en contact avec vous, pourtant il vous connaît depuis sa naissance et aussi bien que le chien. Il n'est pas moins intelligent. ***Il est raciste****. Il tient en mépris son maître, et tous les hommes, en les estimant improductifs, insuffisants.*

N'importe qui peut adopter un chien, et ce lien interracial est déjà là, inscrit dans les gènes respectifs, même si cet homme et ce chien ne se connaissent pas encore. Les caractéristiques de leur lien ont changé avec le temps pour qu'ils puissent fonctionner ensemble, par nécessité.

Le préjudice racial est donc un lien interpersonnel inexistant ou aliéné (étrange, autre)

Ce n'est pas courant que quelqu'un élève un loup. Il n'est pas domestiqué, n'a pas la longue expérience qu'a le chien. Ce lien homme-animal se développerait également avec le temps.

C'est plus difficile de créer des liens entre deux races : animal et homme, parce que leurs rôles sont différents, donc plus facile et rapide entre homme et homme.

C'est en faisant cela que s'atténue le racisme qui est si dangereux dans notre monde.

Ordre social écologique

.

Le chien n'obéit pas par amour pour son maître (il le ferait même s'il ne l'aimait pas), ni pour se soumettre à lui (vivant avec lui il attend que l'homme fasse « sa part » en lui offrant de l'exercice, de la nourriture, un abri et des soins) ni par idéologie qui est propre à l'Homme, l'animal le fait ***par respect de l'ordre social*** *qui est profondément inné chez lui (comme il l'est chez tous les animaux)*

C'est notre ordre naturel aussi. L'ordre est important pour la survie et demande beaucoup de communication et d'information sur l'autre, pour un ajustement constant. Ce devrait être notre focus globalement. Pas besoin d'être d'accord avec l'autre, seulement le connaître et le respecter.

À cause de tous les nouveaux venus, cet ordre n'est jamais acquis ni stable. Il reste donc dynamique.

Par conséquent, l'état de liberté vient de la compréhension et de l'adhésion à l'ordre écologique… pas de l'obéissance aux lois.

On peut détacher son chien étant donné que l'on peut se fier à lui, car on a pris le temps de créer un lien, on appartient ensemble.

Intra-racisme

C'est à dire dans une race, entre les êtres humains. S'accorder mondialement ne devrait pas être aussi long et complexe que de s'accorder avec le loup puisque nous sommes de la même race.

Les gens ont tous des habitudes différentes, se présentent dans 36 nuances de couleurs de peau et ont des caractéristiques différentes chaque un.

Au Nouveau Monde par exemple, il a fallu beaucoup de temps aux peuples pour s'accommoder, car ils venaient de toutes parts.

Il fallait deux ou trois générations, pour que le résultat soit satisfaisant.

Nous sommes devenus plus à l'aise mondialement dans une interaction multicolore, internationale, et bientôt aussi multi-genre. Cette évolution se fait de plus en plus vite, et ceci est essentiel pour notre survie.

Notre plus grand défi est donc le racisme. Il est nécessaire d'en parler avec aise pour mieux se comprendre et s'accepter.

Proportionnel

Nos préjugés, ignorances et peurs s'aggravent proportionnellement avec notre éloignement de l'autre. C'est normal !

Ces phénomènes s'apparentent aussi :

pour les ***animaux,*** *on parle de domestication.*
pour les ***plantes,*** *on parle d'acclimatation.*
pour les ***hommes,*** *on parle d'acculturation, de socialisation.*

Il s'agit de s'habituer et de s'adapter, de mettre en commun et de faire sien ce qui vient de l'autre, de tous les autres.

Pour ce faire, on peut s'encourager mutuellement à sortir de sa zone de confort pour pouvoir se rapprocher de l'autre, car c'est devenu de plus en plus inconfortable de ne pas le faire.

Cela veut dire de lâcher un peu ce sentiment identitaire qui ne sert à rien. Arrêter de cultiver les ismes : nationalisme, patriotisme, égoïsme.

Il ne suffit pas de contrer une opinion erronée (pensée raciste, méprisante) par une manière de parler soi-disant « politiquement correcte ».

Nous acquérons un sentiment identitaire dès la naissance et comme enfant cherchons la familiarité (famille) ***qu'****avec ceux qui sont similaires à nous-mêmes.*

En devenant adultes, nous élargissons ce désir avec beaucoup de réticence.

Il est facile de se reconnaître en l'autre grâce aux générations de coexistence dans le même endroit, mais cela ne suffit pas. En effet, ça ne fait que couper la terre en morceaux et par là l'humanité et là, naissent les conflits.

Pourtant on ne rencontre pas de personne qui affirme être raciste, car c'est considéré comme politiquement inacceptable. Nous nous forçons alors à être hypocrites.

En vérité on se sent naturellement mal à l'aise en compagnie d'une personne très différente, on s'en méfie... à moins qu'on ne s'en soit rapproché et qu'on n'ait pu éprouver un lien, ce qui nous inspire alors un autre sentiment que le racisme. L'autre devient pertinent pour nous, digne d'estime, d'égard et d'attention.

Ce n'est pas avec le raisonnement ou la volonté qu'on peut surmonter un préjugé ou une méfiance (juger d'avance, juger sans connaître).

Nous sommes plus similaires que différents, et notre rôle est identique.

En cherchant le maximum de contact avec l'inconnu, l'évolution fait alors un miracle, et quelque chose se passe dans notre corps. Cela change les caractéristiques de notre groupe humain et améliore notre race.

Réponse – Quiz 4

*Parce que c'est passé et
on ne peut pas retourner en arrière.*

*« Wieder gut machen », (rattraper, le refaire bien),
n'est pas possible.*

Oublier non plus, on ne fait que nier et continuer comme si de rien n'était et ignorer que les erreurs servent d'apprentissage.

De négliger cela est un autre mal, même plus grave parce que commis avec arrogance maintenant qu'on devrait avoir une expérience.

Ne sommes-nous pas tous un peut dans ce cas ?

Exploration

L'exploration interhumaine devrait être possible. L'homme explore toujours plus loin.

On partait à la découverte de continents inconnus, puis dans l'espace. On peut prendre le risque de bien connaître nos voisins, de voyager et visiter les gens plus loin.

L'homme a besoin de se surpasser, constamment. C'est en effet son rôle dans la participation à l'évolution. Il est donc possible de faire connaissance avec l'autre, pour ne plus penser de façon méprisante.

Ce mépris, dû à la différence de l'autre, peut se jouer dans notre couple, notre famille, notre village, notre pays, notre continent. Soit on n'ose pas l'admettre, soit on préfère rester dans l'ignorance.

On entend dire des choses comme : « Oh, je ne suis pas raciste, je ne fais de mal à personne. Je prends soin des miens, c'est une bonne vie que je me suis construite. J'ai travaillé dur, aidé beaucoup de gens, je ne peux pas dire que je n'ai pas réussi. »

« Y'en a point comme nous ! »

Cette déclaration est un aveu de racisme par excellence et de dysfonction.

Cons

Notre enfant est l'être le plus proche qu'on puisse jamais connaître. Pourquoi est-ce si difficile à faire connaissance avec lui ?

La préoccupation principale d'un parent est comment punir son enfant. C'est le plus difficile, parce que le moins naturel. La punition a été inventé comme outil d'oppression, pas pour favoriser le fonctionnement sain de quelqu'un.

Elle n'existe pas sans l'obéissance, c'est-à-dire soumission.

Toute personne quelque soit son âge est juste un être unique et différent, dont on peut faire connaissance.

Nous sommes la seule espèce à penser que nous mettons au monde des cons, qu'il faut » redresser » (on n'ose pas dire « dresser »), mais le système obéissance-punition l'implique.

C'est l'ultime sentiment raciste avant qu'il ne soit même né.

Le rôle naturel du parent :

1. vivre avec lui : pour lui permettre d'observer, qu'est-ce qu'on fait et qu'est-ce que cela donne.

2. Faire connaissance mutuellement : laisser agir la vie

Cela fonctionne avec les animaux, c'est beau à voir. car cela génère beaucoup de tendresse, prévoyance, et soin.

On peut s'en inspirer. La nature sait, pour sûr.

Un parent, maître d'école, ou soignant n'a donc ***pas besoin d'inculquer*** *quoi que ce soit à l'enfant. C'est forcer dans son esprit, et répéter des croyances qui le font vulnérables (douter de lui) et inaptes à la vie, comme :*

bien et mal	opinions
valeurs	protection
moralité	pudeur
respect	honte
amour - haine	

ni d'utiliser *des outils d'oppression*

suggestion
manipulation
punition

C'est ainsi qu'on peut se sentir part de la nature pour préserver ce qui en reste.

Les générations futures auront acquis l'art de vivre nécessaire pour évoluer.

Procréer

En promenade, quelqu'un a affirmé qu'on est là dans le but unique de procréer.

Il y a peut-être un malentendu ou s'agit-il de quelque conclusion philosophique ou parce qu'on dit qu'une parturiente « donne la vie » ?

Nous maintenons la vie en gérant notre nourriture. Cela fait partie de notre rôle, nous mangeons de ce qui vient de la vie, donc ce qui doit être renouvelé, produit, engendré.

(Ce ne sont pas que les animaux (la viande) qui sont vivants, les plantes.(légumes) aussi. Nos tuons pour manger.)

La personne avait raison, mais il ne s'agit pas de procréer qu'en ayant des enfants, mais de maintenir et soigner toutes choses de la vie.

Ou est-ce que cette affirmation voulait dire transmettre et améliorer notre héritage génétique?:

Il y a une étude du façonnement de notre ADN qui est appelé. épigénétique, qui veut dire « modifier l'ADN ». (individuel et sociétal). Cela peut se faire un peu sans avoir un bébé, en engageant et stimulant les gènes par ce qui se passe dans notre vie, la neurogenèse, biogenèse par exemple.

de philo = chercher et de sophie = savoir

N' y a-t-Il pas déjà contradiction dans les termes !

Peu importe

- *que nous soyons régis par l'amélioration de l'ADN de nos ancêtres, un phénomène lié à l'évolution, une vie entre notre conception par les parents, et notre mort, donc pas « d'âme »*
- *ou concordant avec tous les autres corps astraux, une vie sans fin, cyclique éternellement*
- *ou les deux*

Quoi qu'il en soit, ceci n'est pas de notre responsabilité et ne fait pas de différence.

Il s'agit pour nous de gérer les relations très terre-à-terre qui sont incontestablement importantes et parfaitement de notre devoir et notre compétence pour une vie commune sur terre.

Bien sûr c'est plus attirant de discuter notre origine. Ce sont des débats intéressants et sans fin, mais ils prennent précieuse énergie et temps et détractent notre attention de nos relations journalières avec autrui.

Curiosité

En allemand on dit : « Besprechen bis man grün im Gesicht ist » (affliger des paroles à quelque chose jusqu'à ce que son visage tourne vert).

Est-ce un allusion à l'indigestion ? Ce serait plutôt jaune, la jaunisse, ou vert comme la nausée, ou vert . du latin vĭrĭdis verdoyant; (au figuré) frais, vigoureux »).

Nous n'avons pas besoin d'avoir une philosophie, ou de savoir !

L'état de curiosité suffit pour nous propulser en avant. Elle est un outil merveilleux comme agent du « ne pas savoir » car il nous incite à justement chercher et rester à jour, dans un monde toujours changeant. Une théorie quelque belle et crédible qu'elle soit, est souvent limitative voire exclusive.

Notre curiosité éveillée nourrit notre expression personnelle, créative et artistique, ce qui alimente notre progiciel collectif (Wikipédia : ensemble de logiciels munis d'une documentation, conçus pour répondre à des besoins spécifiques et permettre une utilisation autonome.)

Peut-être cela aide de garder «l'esprit ouvert » par exemple :

le divorce, est-il un acte raciste ou s'apparente-il aux trajectoires individuelles de deux corps astrales allant un bout de chemin avec l' autre dont on ne choisit pas la durée ?

Constellations

Le mot 'astrum' veut dire « constellation »

Il n'y a pas de doute que la lune, les étoiles, planètes, astéroïdes, comètes, satellites sont des corps dans l'espace et réels. ***La nuit on les voit.***

Soleil, Terre, Lune, Mercure, Vénus, Mars, Jupiter, Saturne, Uranus bel et bien existent.

Il n'y a pas non plus de doute qu'ils bougent.
Tout mouvements, frictions, collisions, entre eux changent leur constellation ce qui résulte en un changement dans les courants d'énergie dans tout l'univers.

Chacun de nous sommes également un corps qui bouge, donc acteur dans la constellation ou sujet.

Les tailles et le temps dans l'univers sont sur une échelle dont nous n'avons pas l'habitude. Alors nous ne pouvons pas comparer l'importance des corps, ou des astres, nous, en tant que corps terrestres, et les planètes en tant que corps célestes. faisons partie de la la constellation et sommes affectés par elle, donc nous sommes constellaires. des étoiles !

Devinette – Quiz 5

Est-ce que le mouvement des corps astraux
a un effet sur notre vie

Illustration

Sollicité par un patient en souffrance de maladie psychique, le thérapeute systémique regarde en premier lieu le système familial, ou le milieux dans lequel la personne vit, pour comprendre les structures ou les relations pathogènes. Car la maladie prend souvent son origine dans les liens avec d'autres. Y a-t-il triangulations, coupures, carences, intrusions, fusions, déplacements de rôles ?

Il décide alors une intervention structurale (Salvador Minuchin), tenant compte de sa position temporaire d'intervenant dans la structure, ou la constellation, et suggère alors des changements de place, par conséquent de rôle, des gens pour un meilleur fonctionnent. Une dis-position.

Résultat inévitable : chacun à sa façon reprend son rôle naturel et les symptômes dysfonctionnels disparaissent, le patient est guéri Les structures des constellations nous aiguillonnent.

.

Ce n'est pas une théorie ou une croyance, c'est automatique, c'est tendre vers une économie naturelle (oïkonomia = gestion de la maison). La même chose se passe dans un jardin permaculture, certaines plantes et organismes vivants se font du bien mutuellement et d'autres pas. Le jardinier à appris à les placer, pour trouver la bonne constellation, la bonne disposition entre eux.

Quiz 5 - Réponse

Pourquoi pas ?

Donc la constellation à l'échelle macro qui se passe dans notre vie, les relations entre tous les corps énergisés, est d'autant plus puissante. Au lieu du thérapeute, il y l'astrologue qui cherche à comprendre et prévoir les dynamiques astrales, ou con-stellaires (veux dire avec les étoiles) provoqués par leur mouvements. Contrairement au thérapeute cependant, il ne peut pas intervenir dans les cieux.,mais il peux nous avertir de tendances, qui ne sont pas notre choix.

Ayant longuement étudié, l'astrologue peut nous en parler savamment ce qui est utile pour qu'on puisse ajuster notre comportement, et mieux connaîtrait ses caractéristiques personnelles.

Pour savoir si c'est véridique cela vaut de garder en mémoire leurs indications comme des pièces de puzzle de toute une vie, qu'on les comprennent ou pas, car à la fin, lorsque les morceaux seront rassemblés, on verra l'image en entier.
A 72 ans, j'ai enfin compris.

L'expérience personnelle m'a appris que les messages astrologiques ***viennent à*** *moi. Cela se sent.*
Si je me trouve à court et ne sais pas où j'en suis dans une relation, j'ai l'idée de consulter un astrologue.

Consulter un astrologue quelques minutes, est beaucoup moins cher que d'être en psychanalyse, c'est plus sûr et plus utile.

Géométrie

Les formes géométriques de base utiles pour notre vie

- *Le point : un point seul ne peut rien faire*
- *La ligne : établit un lien, deux pôles (entrée – sorti)*
- *Le triangle : une structure qui réunit les deux, 3 liens*

Entre ***toi*** *et* ***moi****, il y a une ligne, deux opposés*

Toi*,* ***moi*** *+ un* ***élément*** *réunificateur : structure solide qui ne se défait pas même en bougeant dans tous les sens parce qu'il a trois liens*

Autres triades : ***atome - interactions - vie***

Un atome n'est pas vivant en soi, il existe dans les objets inanimés comme il existe dans nos cellules du corps vivant. C'est la qualité ou la caractéristique de son interaction avec les autres qui lui donne vie. C'est donc grâce à un ensemble de liens superbement riches qu'il peut être animé.

Ou bien : ***fibre – fil – tissu***
Une ***fibre*** *est l'élément de base (moi)*
Un ***fil*** *est fait de fibres (liées). On peut le tisser, cela fait un produit qui garde sa forme, par exemple pour faire le tissu pour des des habits, des voiles, des parachutes,*

Ou bien on peut en faire ***un filet*** *(nœuds de filet de pêche, tricot, crochet, dentelle). L'ensemble s'anime dans le vent, change de forme. Plus il est grand, plus il est flexible, malléable et sensible au mouvement.*

Par conséquent, les accomplissements se font grâce à une

structure triangulaire

Trinité

Depuis bien avant la naissance du christianisme, il y eut l'idée de trinité comme principe fondateur de la vie.

Néopythagorisme : un + intellect + âme
La Sainte Trinité des chrétiens : Dieu + Fils + Saint-Esprit
Franc-maçonnerie ou bâtisseurs : ∴
Tous : unité + liens + corps vivant

La trinité chrétienne a été comprise comme trois dieux en un,
Mais

***un** + **fils** = humain + **esprit** = le souffle de vie,*

est une compréhension beaucoup plus tangible et naturelle, et revient au même du point de vue respect de la structure.
On pourrait envisager d'ajouter la trinité suivante : :

ADN	+	*corps*	+	*constellaire*
(ancêtres)		(incorporé)		(entrelacé avec tous les autres)

Autres formes géométriques, pas adaptées :

le **carré** : cadrer c'est limiter la liberté
l'**étoile** : rappelle la famille, avec son centre de chaleur et son rayonnement
le **cercle** : englobe tout ce qui existe sans discrimination

Ces formes sont utiles pour autre choses.

Un gouvernement autocratique : d'un point, sans lien
Un gouvernement horizontal : une ligne instable
Un gouvernement holacratique : un cercle, pas fondé
Un gouvernement trinité : un triangle de sécurité

individu – collectivité - nature

Quiz 6 - Devinette

Pourquoi les astrologues prennent en compte la minute et l'endroit de la naissance d'une personne et pas celui de sa conception ? N'est-ce pas que ce serait là où commence la vie d'un être humain ?

Diable

C'est un mot, juste un mot.

Il signifie : qui divise. D i = deux, couper en deux.

Cela donne : $0 : \infty = 0$ ou $1 : \infty = 0$

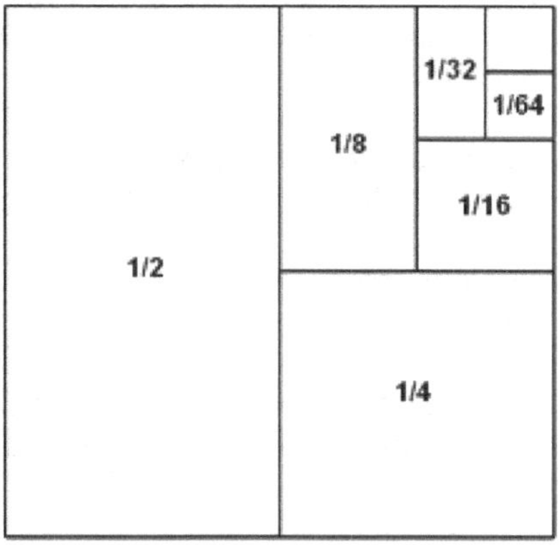

et chaque carré en haut à droite, subit toujours la même division, donc un rapetissement jusqu'à l'infini… cela n'arrête pas d'auto-détruire.

Devinette – Quiz 7

Comment penser pour bien faire ?
Quelle formation, quelle école de vie, quelle recommandations, philosophies, quelles valeurs utiliser ?

Habitudes

C'est possible donc de créer des nouveaux circuits neuronaux, de changer des habitudes, à condition qu'on permette au cerveau de les créer par notre choix personnel.

Nous avons cet avantage sur l'IA. La décision lance le processus, puis il suffit d'être déterminé. Il n'y a pas besoin d'idéologies, de culture, éducation, école, sciences, tout cela.

C'est préférable de le faire seule qu'en groupe. Ce processus est intimement personnel et demande une attention qui pourrait être distraite par d'autres.

Les chercheurs universitaires ont trouvé que si un quart (25 %) de gens changent d'habitudes, le reste suit automatiquement.

On a vu cela avec les minijupes, le rock'n roll, les bikinis, les tatouages et les piercings.

Combien de temps et combien de personnes fallait-il pour instituer ces modes pour tous, avec les façons différentes de penser et les valeurs changées ?

Y aurait-il des habitudes plus utiles à prendre de nos jours que de suivre ces modes excitantes ? Oui, bien sûr ce serait satisfaisant, mais serait-ce sexy ? Non !

Alors on ne le fait pas. On choisit entre se sentir sexy et la torture et la mort de beaucoup de citoyens de la République démocratique du Congo par exemple. Ils souffrent à cause de notre excès d'appétit pour des d'appareils électroniques ou des voitures avec les roues en caoutchouc.

Au moins, on devrait se rendre compte des implications du choix.

Richesse

Mesurer la valeur des choses par la vie qu'elles donnent serait plus à propos que d'y mettre un prix d'argent. Au lieu de demander : « ça coûte combien ? » on pourrait demander « combien cela représente de vie en santé » ? »

Dans la première question, on a l'impression de perdre et dans la deuxième de gagner.

Nous nous multiplions tellement vite qu'il y a une usure très importante de la terre pour loger et nourrir tout le monde. Les décisions doivent être prises si vite que l'adaptation se passe mal, elle bouscule tout le monde. Nous sommes devenus réactionnaires au lieu d'actionnaires. Cela crée également beaucoup de victimes, et de souffrance.

Notre responsabilité est de nous porter garant pour nos entreprises et actions. Si cela est fait consciencieusement par tous, l'administration des ressources, et la gérance des richesses suivront presque automatiquement.

Il s'agit justement du conflit de nos deux cerveaux. Le paléo dit : « il faut accumuler le plus possible pour être sûr de survivre en vue de la concurrence », et le néo dit : « il faut du temps pour faire pousser la nourriture et pour la distribuer à tous. »

Souffrances

On ne peut pas « sauver la planète » (restaurer une bonne santé à la terre), mais on peut certainement empêcher que des gens souffrent parce qu'il sont nés sur des parties de la terre qui recèlent les matériaux pour fabriquer les choses que nous utilisons, achetons, jetons, sans état d'âme.

Qui est responsable pour ces débâcles :
les producteurs, les exploitants, les fabricants, les transporteurs ou les utilisateurs ?

Ce sont les compagnies entre les fournisseurs des matières premières et l'acheteur qui décident une grande partie des affaires. A-t-on jamais entendu qu'une compagnie de transport par exemple nous a avertis qu'ils avaient atteint la limite de leur capacité ? Gouvernements et crimes organisés veillent à ce que cela ne se produise pas. Il n'y a qu'à agrandir.

Alors, comment intervenir pour les freiner ?

Le fournisseur n'a pas de choix, il est puni s'il s'oppose à une exploitation excessive, et souvent perd les terres ou les moyens pour subvenir à ses besoins.

L'utilisateur, le consommateur est le seul qui a un choix dans cette chaîne commerciale : c'est de se restreindre au nécessaire. Il doit au moins savoir que ce qu'il achète est super précieux et coûte plus que de l'argent à quelqu'un d'autre.

Un dirigeant d'orchestre n'a pas besoin de savoir jouer la part de chaque instrument (cellule)

Ce n'est pas le cerveau qui décide de nous faire passer à l'action. C'est nous, par notre fonction exécutive,.qui lui permettons d'actionner les nerfs moteurs.

Les quatre lobes du cerveau renseignent le cortex moteur primaire sur les objectifs à atteindre, il donne alors l'impulse pour les mouvements volontaires appropriés.

En ce qui concerne les comportements, chacun peut trouver pour soi son meilleur moyen d'accès à son intelligence pour l'utiliser respectueusement et intelligemment.

On peut s'entraider pour le faire, car c'est un processus souvent émotionnel. L'objectivité est nécessaire.

Valeur

Le bouddhisme enseigne qu'une vie est une vie, qu'il s'agisse d'une fourmi ou d'un poisson, que toutes les vies s'équivalent.

Mais pourquoi le dire ainsi ? La vie est la lumière, et ni la lumière ni la vie ne peuvent être morcelées et distribuées !

Un peu pour moi, un peu pour toi' Non, la même quantité pour tous.

Tout ce qui vit est vivant.

Il n'y a pas de tailles ni de limites à la vie.

Place

Un autre exemple : notre place dans l'univers. Bien sûr qu'on peut la voir d'où on est !

Chacun est son centre de l'univers. Où pourrait-on être autrement ? C'est quoi mon centre ? Il y a toujours un centre au centre, à l'infini ; peu importe puisqu'il n'y a pas de tailles petites, moyennes et larges, dans l'infiniment grand univers.

Cela ne fait pas de nous des « nuls » ou de « toute petitesse » et « débiles », comme disait le philosophe entendu l'autre jour à la radio ! mais nous donne plutôt notre importance.

Réponse – Quiz 6

Ce qui compte c'est la minute qu'un nouveau-né prend possession de son corps terrestre fonctionnel en s'affirmant avec son premier souffle et le premier mot « OAH » (en hébreux veux dire l'Être, ou oxygène avec azote et hydrogène, les éléments constitutifs de la matière vivante sur terre et dans l'atmosphère). L'enfant est alors entièrement « que » lui-même (plus partie de sa mère) et compte comme tel avec une vie unique et différente de toutes les autres par laquelle il fait son empreinte.

Empathie

Nous n'avons pas la capacité de nous identifier à autrui dans ce qu'il ressent. On ne peut pas se mettre à sa place. On peut juxtaposer des images de choses que l'on a vécues soi-même en comparaison de ce qu'il décrit, mais il n'y aura jamais moyen de savoir l'expérience de l'autre.

La compassion pour la douleur de quelqu'un par contre est possible.

Quelqu'un nous dit qu'il ressent de la douleur physique ou mentale. On peut lui demander à quelle échelle ? Est-elle aiguë ou chronique ? On peut observer les effets, les grimaces, les pleurs, mais on n'est pas équipé pour savoir.

Par contre, quelqu'un nous montre un doigt entaillé qui saigne, cela fait retourner notre estomac, tellement nous sentons, donc nous ne comprenons que ce que nous voyons. C'est probablement la raison pour laquelle beaucoup de jeunes qui ont mal recourent à l'automutilation.

Donc ce n'est jamais indiqué d'évaluer et de juger quelqu'un d'autre, ni d'ailleurs de le déclarer en manque de discernement.

Seuls comptent son expérience et son ressenti, quel que soit son état. Il n'y a pas de juste ou de faux. C'est sa décision pas celle d'un autre, il peut aussi librement changer d'avis.

Responsabilité

Dans notre société moderne, le mot responsabilité n'existe presque exclusivement que dans le domaine du commerce : beaucoup mesurent leur responsabilité en vue des résultats des index semestriels de commerce ou de leur exploitation responsable.

On parle « d'accidents » de la route. Être tué par la foudre est un accident. Tandis qu'un événement malencontreux dans le trafic, c'est une collision dont quelqu'un est responsable, donc devant se sentir mal, ce qui est horrible et pas facile pour aucun des participants. C'est un drame à éviter dorénavant, pas une fabrication du « destin » ou d'une force surnaturelle.

Puisque c'est important et difficile, aidons-nous les uns les autres à faire attention, à prendre soin, à se contrôler.

Pourquoi on ne voit pas écrit « soyons responsables » sur des panneaux de manifestants comme moyen de rallier les gens, ni le mot « responsabilité » sur un drapeau ?

Croyances

la sécurité, le droit, la liberté

Ces mots ne désignent pas un état d'être. Tous sont à considérer comme étant conditionnés à une utilisation responsable, sinon ils deviennent dangereux.

Les 4 Vérités

progrès et regrès :

1. *Si on tire sur quelqu'un, il tire en retour*
2. *Si on pousse quelqu'un, il pousse en retour,*
3. *Si on soutient quelqu'un, il perd de la force,*
4. *Si on abaisse quelqu'un, il essaye de se libérer.*

Quiz 8 - Devinette

Le psychiatre/psychologue Milton Erickson, connu et fameux pour avoir lancé l'hypnose clinique, avait un âne.

Un jour cet animal ne voulait pas rentrer dans sa case, il se bloquait à l'entrée, ni le pousser ni tout le pouvoir de persuasion du grand homme n'y fit rien.

Qu'est-ce qu'il a fait alors pour arriver à ses fins ?

Pouvoir

Un homme adulte, et la plupart des animaux peuvent soulever et porter un autre adulte, mais pas deux ou plus. Donc on a tous le même pouvoir relatif à notre taille. Personne n'est plus fort que l'autre.

La faiblesse, par contre, est beaucoup plus importante et n'a pas de limites. Pour opérer dans une interaction, elle nie la vie en déshumanisant les autres.

Elle largue la responsabilité, ne sachant se préoccuper des conséquences que par plus d'incompétence, et plus d'oppression de l'autre.

La force militaire est une puissance venant de cette faiblesse, la compensation, en chosifiant les personnes, (l'obligation d'obéir), et par la force meurtrière des munitions.

N'étant pas un état d"être, ce mot pouvoir peut être utilisé comme verbe : « je peux ». Les conséquences de cette affirmation se montrent toujours après l'action.

Plus sa responsabilité est grande, moins on peut juger la performance d'un dirigeant politique élu, n'en connaissant pas le raisonnement. Il faut attendre. Mais il y a de quoi s'inquiéter, dès qu'on délègue sa responsabilité à autre.

Le vrai pouvoir est une toute-puissance qui nous habite. C'est la vie. Rien qu'à voir au milieu d'une paroi de rochers une petite plante qui fleurit presque sans terre, ou un arbre qui s'y accroche. La même force et joie de vivre est en nous, pas plus pas moins.

Le danger d'utiliser le mot « pouvoir »

D'un chef d'État qui est devenu dictateur, on dit qu'« il s'est emparé du pouvoir »

En réalité, il a commencé à utiliser l'oppression contre le peuple qu'il pense diriger, parce que les choses ne fonctionnaient pas sous son gouvernement comme il le veut, donc il s'agit d'une incompétence qui s'exprime et s'aggrave par la violence.

Le grand problème avec le mot « pouvoir » dans ce contexte fou, c'est que le mot sonne bien et fort. Beaucoup veulent se rallier derrière cette idée, en partie pour ne pas devenir une victime. Des policiers, donc des gens, sont d'accord d'aller arrêter des personnes pour les faire disparaître !

Mais si l'on parlait juste, on dirait « l'impuissance ou la peur l'a mené à oppresser les gens ». On ne voudra plus trop joindre un incapable pour l'aider à faire sa sale besogne. Les mots plus à propos désamorceraient sa virulence et aideraient à trouver des solutions.

Quiz 9 - Devinette

Comment convaincre tous les gouvernements du monde d'adhérer à l'écologisme ?

Liberté

On se promène sur un sentier pédestre et on va croiser quelqu'un. Au moment où l'on s'aperçoit de l'autre, c'est une perte instantanée de liberté pour les deux. Chacun est ***forcé*** *de prendre une décision. Ignorer, regarder, sourire, dire bonjour, changer de direction, ne rien faire ?*

De même si quelqu'un frappe à notre porte ou nous appelle.

Ce n'est pas anodin comme décision, car le spectre de possibilités résultantes est large, on peut trouver une amitié pour la vie, ternir sa réputation, offenser ou provoquer.

N'est vraiment complètement libre seulement que ce qui se passe dans notre cerveau : la liberté de pensée si elle reste intime.

Mais dès qu'une pensée sort en mots ou en actions, elle doit être dotée de responsabilité personnelle et sociale. La liberté d'expression est conditionnelle à la responsabilité.

Une image est instantanée et comprise universellement parce qu'elle croise des barrières de langues. Il est d'autant plus important de prendre très au sérieux la responsabilité d'un dessin politique.

Par contre une auto-critique humoristique fait beaucoup de bien, ne pas trop se prendre au sérieux.

Un suisse allemand peut dire de lui-même qu'il est un « toto », mais si un romand dit cela, c'est une insulte.

Décisions vs Lois

Comment faire des décisions importantes dans notre vie ?

On ne doit pas faire les décisions seuls. Personne ne vit seul, on ne le pourrait pas. L'unique moment où nous ne sommes pas accompagnés est lors du passage hors de notre corps. C'est le tout premier moment de notre vie qu'il faut passer seul et c'est pour cela qu'il engendre de la peur.

Une décision nécessite la présence des gens concernés. Chaque problème inclut donc un groupe de personnes impliqués. Ce groupe, une fois formé, choisit son sentiment éthique et ses valeurs personnelles, ce sont celles qui comptent pour la décision des personnes présentes. Pas besoin de supervision, ni loi ni juge, ni même que d'autres personnes imposent leur opinion, ils ne peuvent pas savoir de quoi il s'agit, cela ne les les regarde pas.

Par exemple :
Pour une **personne** *:*
une décision médicale peut inclure le patient, le médecin, et une personne proche du patient. En somme, ce petit groupe constitue le comité bioéthique médical qui connaît et prend en considération les arguments de tous et en fin de compte, arrive à un consensus.

Pour une ***région*** *:*
Décisions par bio-région en lieu et place de lois nationales arbitraires.
C'est aux habitants de cette région de discuter en prenant des décisions concernant le bien commun. Cela nécessite une anticipation des répercussions, mais aussi de la prise en considération de qui d'autre devrait être consulté.

Pour les **peuples dits tribaux**
Nécessite un transfert de décisions en matière de justice.

Anecdote sur les Verts

Avec un groupe de femmes indo-américaines, nous devions décider un problème politique spécifique pour les Verts de Nevada.

Toutes assises en cercle dans un grand tipi pour que chacun puisse s'exprimer.

Une femme commençait à parler. Son discours, complètement hors sujet, parlait de ses difficultés à venir à la réunion. Puis sa voisine prit la relève, évoquant ses pensées personnelles du moment, et ainsi de suite, toutes ont mis en commun leurs pensées, leurs soucis. Cela prit beaucoup de temps, nous étions nombreuses. On avait l'impression d'aller nulle part. Ah, les femmes sont comme ça !

Il ne restait que 10 minutes avant le repas, donc avant la fin. Dans ce laps de temps pourtant, une excellente solution fut trouvée concernant le problème que nous devions débattre ! Toutes pouvaient se concentrer sans distraction de pensées personnelles sur le problème, et accomplir cette tâche ensemble avec la disponibilité de la compétence de toutes. Nous étions unies par la tâche.

Le groupe d'hommes qui avait à débattre du même problème, a généré énormément de mots, concepts, et discussions, mais n'a pas pu présenter une solution et ne montrait pas de signe de satisfaction.

Dans les réunions politiques des Verts, quand quelqu'un prenait la parole, il fallait attendre que la personne suivante qui s'exprime soit de l'autre sexe. Ainsi de suite.

Dans un processus de décision collective, les deux sont nécessaires, car ils se complètent.

Gouvernement

***Si** les gens pouvaient accepter la responsabilité et participer activement aux questions de la région dans laquelle ils vivent*

***Si** une structure de communication était en place avec un vocabulaire descriptif et approfondi*

***Si** l'on acceptait d'apprendre ensemble continuellement et de ne pas morceler l'humanité*

Nous serions bons musiciens et tout ce qu'il faudrait alors c'est un chef d'orchestre. La musique n'a pas de « juste » ni de « faux », elle nous reflète. Pour s'accorder il suffit d'écouter les autres.

Le dirigeant n'est pas supérieur, il a un rôle différent qui est d'écouter les musiciens et de les faire avancer à l'unisson. Il est donc un équipier musicien de l'orchestre. Quelqu'un doit nous entendre et en faire un tout.
:
Pour gouverner les citoyens du monde :
l'individu + la musique + une direction

Il est préférable, que ce soit une direction collégiale dirigeante afin de pouvoir discuter entre eux, en considération de plusieurs point de vue, comme font les 7 conseillers fédéraux en Suisse.

Une fois commencé à jouer les notes de façon audible, on peut les accorder et commencer à faire de la musique, il n'y a que progrès, peut être lent, peut être rapide, mais progrès quand même, assuré.

Devinette – Quiz 10

*Qui est responsable du vent,
de la pluie et du beau temps ?*

Propriété

Le mot propriété concernant des bouts de terre indique une erreur d'appréciation, d'en être responsable est autre chose. De la faire sienne et la soigner de façon réfléchie n'est pas synonyme de posséder. La terre est gracieusement là pour subvenir aux besoins de tous. Nous avons le droit de l'utiliser, d'en vivre, et le devoir d'en prendre soin. Nous n'avons rien à y conquérir, coloniser, nous approprier.

Il y aura beaucoup d'autres gens qui y vivront dans les décennies à venir, des occupants qui ne connaîtront même pas notre nom. Cela devrait nous rendre d'autant plus respectueux envers ce bien commun.

Peut-être cette idée d'être propriétaire de son petit bout vient du temps où l'on pensait que la terre était un disque dans l'espace, comme un gâteau à se partager, ou qu'on tombait dans le vide si on allait trop au bord. Cela a-t-il encouragé les gens à s'agripper excessivement à un lopin de terre ?

N'est-ce pas un peu dépassé comme peur ?

Amour et Amitié

L'amour et l'amitié ne sont pas conditionnels. Les conditions les annuleraient !

Rôle

Dans les interactions avec d'autres, d'aimer ou de faire l'amour c'est merveilleux.

De trahir son rôle en le faisant, est un mal très grave.

De parler « d'amour, » quant il s'agit de coït, n'est cependant pas judicieux. Par exemple pour un prêtre qui est sensé répandre l'amour divin à tous ses ouailles.
d'Amour à amour, il n'y a qu'un petit pas,
d"Amour à coït, serait plus difficile.

Il est important de bien connaître et respecter son rôle, qui peut varier de connaissance à connaissance. On doit le choisir en connaissance de cause.

Père – mère / mari – épouse / homme – femme
(consentantes naturellement) OK

Parent -- enfant / maître – élève / adulte – entant
pas OK

Lorsque certaines relations sont établies on ne peut pas se permettre de les transgresser.

Souvent on ne choisit pas son rôle, par exemple si on fait un bonne performance et devient connue comme acteur, musicien, sportif, dirigeant. Dès qu'on devient un modèle ou est vu comme un 'héros' on doit assumer la responsabilité attachée à ce rôle, qui a son origine dans la relation avec beaucoup d'admirateurs. Dorénavant on ne peut plus faire n'importe quoi.

Réponse - Quiz 9

Il n'y a personne à con-vaincre. La victoire n'est pas un objectif.

Les personnes travaillant dans les gouvernements (politiques, sociaux, commerciaux) sont des gens comme tous les autres 8 milliards de personnes vivant sur terre. C'est à chaque individu de voir dans quel sens il veut aller.

B.A.-Ba des cycles gazeux

Ces échanges sont d'une grande sensibilité et perdent facilement leur équilibre. Tout ce qui vit respire, la surface terrestre incluse.

Nous

Il s'agit donc de cycles oxygène et carbone, O2 et CO2 (dioxygène et dioxyde de carbone), un échange de gaz invisibles. Le processus est complexe et merveilleux, tout automatique.

En inspirant « on s'oxygène ». Si sous excitation on inspire trop on s'évanouit parce qu'on ne permet pas l'échange complet. On doit alors respirer dans un sac en papier. Si on expire trop, on a un phénomène d'hypercapnie, la tête qui tourne et on ne se sent pas bien.

Il est utile de savoir que si on a de la douleur, on la sent moins en expirant. La technique de respiration Lamaze lors d'accouchements est basée là dessus.*

Il n'y a que 0,03 % de CO2 dans notre expiration, donc pas une majeure contribution au dérèglement climatique actuel.

Il y bien entendu d'autres composants dans l'air, 78 % de diazote 20,9 % de dioxygène et le reste sont des gaz rares.

** Ferdinand Lamaze.*

<u>inhalations rapides</u>: dire : « he, he » 5 fois par accoups
<u>exhalation</u> : dire : « hoooo » en 5 secondes soufflant
et maintenir un rythme confortable .

Terre
La même chose se passe pour la terre, un corps apparemment inerte. Elle devient malade si sa respiration n'est pas en équilibre.

L'hydrogène (H), l'hélium (He), l'oxygène (O) et le carbone (C) sont, dans l'ordre, les éléments les plus abondants dans le cosmos. Sur Terre cependant, ce sont l'oxygène et le silicium (métalloïde du groupe du carbone) qui dominent.

Depuis que le cycle biologique du carbone est apparu sur terre, il a en quelque sorte transformé cette planète en un système fermé qui assure sa continuité. Donc une chose nécessaire. Il est le constituant majeur de deux gaz CO_2 *et* CH_4 *sans lesquels ne saurait y avoir de vie sur terre.*

*Le **cycle global** du carbone implique des processus qui agissent en milieu terrestre et en milieu océanique et où interviennent des réactions chimiques biologiques et non-biologiques. En cas de dérèglement, est-ce que c'est là qu'il faut cibler les interventions pour un meilleur fonctionnement ?*

Le réchauffement climatique est également causé par l'émission de méthane, un gaz encore plus efficace à piéger la chaleur que le $C0^2$ *Les plantations de riz, par exemple, émettent un polluant équivalent de 1'200 usines à charbon*

Les vaches rotent du méthane, mais si on leur donne des algues et des oignons à manger cela diminue….

« Sauver la planète »

Bien sûr, nous changeons la surface de la Terre, la croûte terrestre, et devrions décider avec soin de ce que nous devons/ pouvons faire et ce que nous devons éviter. Jusqu'à présent, il n'y eut aucune discussion globale parce que l'idée de propriété prévalait encore : « nos et vos terres », « nos et vos montagnes », « notre et votre pays ».

Quant à sauver la planète, c'est la seule partie de notre terre qui n'est pas en danger ni affectée par notre comportement.

Le seul moment où elle était en danger, c'est dans les années 1950 quand l'armée américaine avait envisagé l'idée de faire exploser une large charge nucléaire sur la Lune.

Des chercheurs ont démontré que cela aurait pu déloger la Lune et affecter notre planète qui est en mouvement avec elle. Ainsi, ils ont pu empêcher cette action insensée.

Nous n'avons pas encore ***un terrain d'entente mondial*** *entre tous. Il est difficile à instaurer, parce que les valeurs entrent en jeu dans les décisions de l'utilisation de ressources naturelles. Nous ne pouvons pas avoir tous les mêmes valeurs. Par conséquent, il est difficilement envisageable que nous nous mettions tous d'accord. Elles sont comme les lois, une fois qu'on commence à les dicter, on doit en faire de plus en plus et ça n'en finit jamais.*

Les Verts (le mouvement écologique des années 70/80) ont fait une liste de dix valeurs et les ont écartées, le Moral Réarmement a décidé quatre standards absolus, Moïse a décrété des commandements, et tous sont tombé dans l'oubli. Du moins on n'entend pas en parler.

Exemples de Valeurs

Les valeurs sont uniques à chacun et ne peuvent pas être imposées. Il reste les négociations, raisonnements, et discussions entre les personnes pour trouver des compromis, sans trahir son point de vue personnel – que chacun de nous considérons comme fiable et qui guide nos contributions.

Du moins, les différentes opinions auraient été débattues et les décisions ou compromis assumés ensemble. L'idée de la valeur se serait alors déplacée sur ce qu'on aurait estimé juste pour tous les points de vue.

Exemple de valeurs :

Choisir entre dynamiter des pans de montagnes afin de construire une piscine d'eau pour faire de la neige artificielle en hiver, ou creuser une carrière pour que Michel Ange puisse sculpter ses Pietàs dans le marbre ?

Quiz 7 - Réponse

Rien de tout cela est nécessaire. Rien que par le fait que tout change donc est nouveau à tout moment.
*Il suffit de garder ses yeux et ses sens ouverts et….. **le secret**….*

de penser chaque chose jusqu'au bout.

Pour tout le monde de rester curieux, ouvert, responsable et apprenant.

« Veni -vidi - vici »   traduit : « je suis venu, j'ai vu, j'ai vaincu »
Les paroles attribuées à Jules César 47 ans avant J-C.
(C'est « vidi » pas « audivi, lego-relicta, cogitavi » « entendu, transmis, cru-pensé »

État des Lieux

Chez nous, plus on a fait le ménage, plus on fonctionne bien. On ne veut pas faire un joli dessin sur une toile souillée de crasse. Comment est notre toile de fond qu'est notre habitat, la terre pour une bonne affirmation de notre potentiel ?

Nous ne pouvons pas sortir tous les sacs à ordures ménagères non recyclables à une déchetterie ailleurs que sur terre. Dans l'espace atmosphérique alors ? Il y a déjà trop de déchets là qui rendent les voyages spatiaux périlleux.

La seule « poubelle » pour les déposer c'est autour de la terre. Donc nous fabriquons une nouvelle « couche géologique ».

Seulement la planète est un astre vivant, il a le feu dans son ventre, des volcans, des mouvements. Elle respire. Rien ne reste stable pour l'éternité.

Des technologies nouvelles peuvent recycler le CO^2 *et en faire des matériaux de construction, à condition qu'on puisse le capter. On peut le mettre dans les profondeurs des océans ou de la terre. En compagnie des déchets nucléaires, ils attendront d'être enfin libérés. Nous ne pouvons pas avertir les habitants du futur de leur présence et de leur danger.*

Ces tares sont dans la conscience collective et représentent un

気 *ou* ***chi*** *(« souffle »),*

un principe fondamental formant et animant l'univers et la vie, dans ce cas une énergie négative

Donc nous n'avons pas d'autre choix que de faire avec.

C'est la même condition pour tous, cela pourrait nous rapprocher.

Gérer

Nous avons assez de connaissances maintenant. Nous pouvons observer le monde entier, et nous comprenons assez de mécanismes de notre cerveau, pour libérer notre vrai potentiel.

Plus besoin d'aller chercher des réponses dans le passé. Le savoir du passé est déjà intégré en nous. Aller vers l'avenir c'est tout. Créer notre avenir.

Pour qui

C'est extrêmement évident que c'est :

*« **chacun pour soi et tous pour tous** »*

Quiz 10 – Réponse

Le soleil, en latin deus.

Remarquable

Une vie très riche, c'est-à-dire inspirée, imbue d'esprit et de souffle, engendre de la beauté dans ses actions, on le voit dans l'architecture, la décoration, l'aménagement et les relations humaines.

Par exemple, un village appelé Auroville. En Inde a prouvé cela grâce à beaucoup de détermination et de travail pendant quarante années.

Il y avait un désert avant, et désormais il y a la verdure et de belles constructions.

Cette communauté possède les ingrédients pour bien vivre : une cuisine solaire commune, et un magasin coopératif, ce qu'on y crée et paye n'est pourtant pas sa propriété, une façon très particulière de gérer l'argent, et il n'y a pas de rites religieux.

Les visiteurs sceptiques disent qu'ils pensent que les habitants ont une attitude supérieure, condescendante.

Une possible explication pour cela : il semble que les religions occidentales nous font prendre une attitude qu'on qualifie d'humble, c'est-à-dire abaissée, redevable à un être supérieur, et que tous ceux qui ne s'y plient pas sont vus comme hautains.

Nous pouvons adopter une autre attitude, de respect de nous-mêmes et de la vie comme celle des Aurovilliens.

Sciences

Nous avons besoin de comprendre, pour décider, il nous faut le mode d'emploi. On le trouve plus facilement en observant la nature qu'en écoutant un « expert scientifique ».

L'autre jour, une sociologue a été interviewée à la radio. Elle a parlé avec une grande aisance, sans toutefois répondre aux questions posées. On prête l'oreille à quelqu'un qui veut contribuer son savoir à notre vie sociétale.

Elle a déversé une avalanche d'étiquettes : revivalisme, piétisme, l'écoterrorisme, et a donné pour exemple Larzac et Waldamos.

Grâce à Wikipédia, j'ai trouvé ces deux termes, l'un parlait du viaduc de Millau, mais pour Waldamos, il s'agissait de « systèmes stochastiques profondément dans la forêt », qu'est-ce que c'est et quel rapport ?

C'est cela le problème du jargon professionnel, il maintient une division entre les érudits et les ignorants. Sa contribution n'est pas utile ainsi. Le courant ne passe pas bien.

Il y a des chercheurs qui « vulgarisent » leurs connaissances en les mettant à la portée du grand public. Mais la plupart sont réticents à « s'abaisser » à cela.

Pour pouvoir suivre quelqu'un qui parle de ses études sociologiques par exemple, il est important de savoir où il en est dans sa démarche avec ce qu'il dit, car c'est très différent s'il parle de sa définition du problème, de résultats de tests, ou de leurs interprétations. Il faut le lui demander.

Il y a deux méthodes scientifiques qui sont utilisées :

1. Observation	*1. Données initiales*
2. Hypothèse	*2. Problème*
3. Résultat	*3. Hypothèse*
4. Interprétation	*4 Test*
5. Conclusion	*5. Conclusion*

ces démarches sont :

1. Utiliser une théorie pour faire une prédiction
2. Construire une expérience pour tester la prédiction
3. Effectuer l'expérience
4. Modifier ou rejeter la théorie
5. Comptabiliser leurs résultats

Mais nous ne pouvons pas attendre d'être sûrs de tout, ne se fier qu'aux preuves scientifiques.

Nos observations suffisent, en fait sont plus justes. On peut s'y fier et en ajouter au fur et à mesure de découvrir plus. Puisque tout change et bouge, les conclusions scientifiques ne peuvent jamais vraiment être faites.

En cas de pépin grave, on peut toujours se fier à un paysan, un sans-domicile fixe, ou à un Rom. Ces gens sont probablement plus connaisseurs pour des questions de survie que les professeurs diplômés d'universités.

Temps à se consacrer

Dans notre vie quotidienne, nous n'avons pas le temps pour toutes ces multiples considérations, ni la disponibilité, ni l'information nécessaire ! Les décisions sociales informées et responsables prennent du temps que nous n'avons pas, avec notre vie de famille et professionnelle déjà pleine. Elles ne s'improvisent pas.

On pourrait créer pour cela un groupe payé pour soutenir ce travail pour nous,

par exemple un

Département Mondial de Santé et de Survie

Des professionnels qui recevraient des salaires de toutes les régions du monde, pour qu'ils puissent travailler à plein temps pour coordonner, organiser, informer, mettre des priorités, planifier, former et récompenser, et pour créer en chefs d'orchestre un réseau de groupes d'action partout dans le monde.

Sans cela, tout ce qui est accompli se fait péniblement et lentement et de façon morcelée.

Le Mercator Research Institute of Global Commons and Climate Change, Berlin fait un peu cela. Mais qui le connaît ?

Quiz 12 - Devinette

Quels sont les deux grands accrocs permanents qui font notre tâche terrestre difficile à présent ?

Devinette – Quiz 11

Sommes-nous tous similaires ?

Un exemple :
Un jihadiste radicalisé qui se met une bombe autour du ventre pour aller défendre ses croyances en un monde qu'il pense meilleur, et qui se suicide devant l'ennemi pour cette cause.

Nous ne pensons pas comme cela, et ne ferons jamais cela. C'est ce que l'on dit.

Pourtant, nous vénérons un héros national suisse légendaire pour sa bravoure à faire exactement cela : forte croyance nationaliste, attaque suicidaire devant des gens qu'il considérait comme des ennemis ! Personne ne s'en souvient.
Qui ?

Témoin de l'évolution

N'importe qui, n'importe où, peut observer et étudier les effets de notre évolution in vivo pour comprendre sa magnificence. Pas besoin d'aller à la campagne ou au Jardin zoologique. Il suffit de regarder autour de soi.

Si l'on vit en cité et que l'on n'a pas le temps pour le voir à la grande échelle, on peut toujours prendre le temps dans un embouteillage, ou en attendant le train ou le bus.

Il n'y a qu'à regarder de plus près sa main et l'étudier. À quoi servent les cinq doigts ? Pourquoi seulement l'un d'eux s'oppose aux quatre autres ? Quels tâches, besoins et adaptations de combien d'individus l'ont fait devenir ainsi ? Comment va-t-elle encore changer/évoluer ? Que puis-je faire avec ? Qu'est-ce qui la fait bouger ? Comment est-ce décidé ?

C'est merveilleux d'avoir pu observer la guérison d'une blessure sur sa main. Les cellules savent exactement où aller selon leur fonction. Quand elles sont toutes à leur place, on ne voit plus rien, pas même une cicatrice.

La nature guérit tout ce qui est vivant, grâce à sa puissance génératrice, tandis que les objets, s'ils se cassent, le restent pour toujours.

Adaptation de la nature

Le siècle passé, l'activité humaine a commencé à infliger trop de blessures à la nature, qu'elle devint submergée et commençait à endurer trop des pertes.

*En fin de siècle, les scientifiques ont dû conclure qu'elle avait atteint **le point de non-retour**, c'est-à-dire qu'on ne lui permettait plus le temps pour le faire en l'affligeant constamment.*

Elle s'adapte cependant, mais différemment. Il lui manque des « outils » d'avant, par exemple les espèces totalement disparues.

Devinette – Quiz 13

Les personnes qui vivaient en Suisse avant qu'il y eut des téléphones portables et des montres-bracelets, comment ont-ils su exactement l'heure qu'il était ?

Réponse – Quiz 8

L'âne est immédiatement rentré dans sa case, dès que le docteur Erickson, a tiré sur sa queue !

Compréhension-compassion

On sait qu'on devrait se soucier de la déforestation, de la pollution, on nous l'a assez dit, et on l'a vu sur écran les problèmes que nous avons causés par le consumérisme et la surpopulation, et les drames associés.

On est choqué et on « s'en fait sincèrement », même au point de souffrir de « fatigue de compassion » et d'avoir inventé l l'« ego-psychologie ». Mais savoir n'engage pas la réflexion et l'action. Lorsqu'on regarde dehors, on voit la jolie nature, une forêt jardinée, un air pur, et les saisons qui se suivent, chacune plus jolie que l'autre.

Par contre, si l'on va dans son jardin et que l'on trouve un petit buisson desséché en train de mourir, cela nous « fend le cœur », beaucoup plus que de voir des kilomètres déboisés à la télévision. Si notre animal de compagnie meurt, cela nous affecte plus que de voir des reportages d'enfants morts, regardant un écran.

C'est l'image du vrai qui prime et par cela peut engendrer l'action de prévention ou d'entre-aide.

Auto-manipuler

On peut en effet manipuler son cerveau soi-même.

S'il réagit en voyant du chocolat coulant à la télévision, il en veut, mais peut-être que nous non. Aucun argument mental ou raisonnement ne tient. On doit trouver une autre image de quelque chose de désirable en compensation à mettre devant nos yeux.

Par exemple, mettre en vue, juste à côté de l'écran, un beau costume ou une jolie robe qu'on a achetés, qui est de taille un peu petite demandant une perte de poids, le regard peut alors dévier du chocolat vers l'habit et enclencher le désir pour celui-ci. Un jet hormonal réassigné automatiquement !

Réponse – Quiz 12

1. *la disparition d'espèces*
2. *la souillure permanente*

À nous de voir

Nous décidons selon les observations faites lors de l'évaluation des conséquences de nos actions (nous nous les réfléchissons), et non pas à cause de choses qu'on nous a dites.

S'il y avait une force supérieure responsable, comme un destin, d'abord elle dicterait notre comportement, nous n'aurions plus de libre arbitre du tout, et le nouveau-né saurait que faire tout seul.

Le nouveau-né voit dès qu'il ouvre les yeux, mais il ne sait pas prendre une décision parce qu'il n'a pas encore d'expérience avec les conséquences.

On apprend à l'école enfantine d'aller voir les effets d'une action.

***faire mal = mal faire** et cela ne peut pas être défait.*

***faire bien = bien faire** construit notre avenir, nous vaut une étoile collée sur le cailler.*

Donc éprouver un mal-être est notre locomoteur pour assurer notre vie qui est nécessairement communautaire. C'est le rôle des émotions.

*La somme totale des **I** ou **0** s'inscrit dans la vie de nous tous, et les deux engendrent chacune des actions similaires par d'autres, car ils sont contagieux, on se permet facilement de faire comme l'autre, de le singer.*

Adultes responsables la solution

Nous sommes merveilleux et redoutables à cause de nos comportements.

Nous n'irons pas loin sans l'acceptation de nos responsabilités d'adultes. Il s'agit d'assumer nos actions jusqu'au bout, qu'elles soient positives ou négatives. Des fois, il faut attendre pour savoir et rester déterminé.

Qui d'autre le fera ? Déni et justification par philosophie, théorie, religion, régime politique ou quoi que ce soit d'autre, ne font pas l'affaire. À chacun de regarder par lui-même, et nous serons mieux à même de gérer équitablement nos ressources.

Il ne suffit pas de reconnaître nos torts, qui sont inévitables, donc normaux. Il nécessite de prendre du temps d'y réfléchir avec notre habilité de raisonner et d'apprendre.

La question se pose de savoir pourquoi il y a un banditisme latent chez l'homme. Est-ce que c'est parce qu'il doit tuer pour se nourrir ? On mange du vivant. Les légumes, les animaux, tout vient du vivant, sauf le sel.

Avons-nous peur de nous-mêmes ou de faire erreur, peur de la culpabilité ? Cela engendrerait la froideur, la cruauté, la revanche, au lieu de servir d'amélioration et d'apprentissage !

Culpabilité

La culpabilité est un sentiment très désagréable, sentir la honte est perçu comme dévalorisant.

Cela devrait être le contraire, car c'est grâce aux erreurs qu'on essaye quelque chose de nouveau. L'échec, le mal-faire, attire notre attention sur un dysfonctionnement, donc un manque de maîtrise. C'est grâce à la crise qu'on comprend.

Avec ce dysfonctionnement, on veut simplement dire que l'image en tête est erronée et on a agi selon cette image. Qui nous a infligé cette image ?

La personne n'est jamais fausse, c'est le rôle qu'elle pense devoir jouer qui peut poser problème. La seule manière de changer l'image qui nous guide est de la superposer avec une autre. La première restera.

Cela demande d'aller voir ce que nos actions ont causé et la « photographier » mentalement, elle serait l'image remplaçante. On agira différemment dorénavant.

En tant qu'adultes, on doit pouvoir assumer la responsabilité de nos actions. Le sentiment de culpabilité est un garde-fou utile comme l'est la douleur qui nous avertit d'un dysfonctionnent/problème dans notre corps.

On fait forcément du mal en vivant sur Terre (rien qu'un petite promenade dans la nature tue plusieurs dizaines d'êtres vivants, insectes et plantes) de leur point de vue cela est grave.

On fait aussi du mal à des personnes qu'on ne connaît même pas ou qui habitent sur d'autres continents en choisissant ce que nous achetons par exemple, ou ce que nous jetons.

Témoins oculaires

Peut-on tout voir grâce à la technologie courante, l'Internet, la télévision, les satellites, les drones ?

Oui et non.

1. *souvent les images des conséquences sont censurées à la télévision*
2. *on regarde en réalité un écran, plant et froid, à l'abri chez soi*

Pour voir, il faut aller en personne. Il y en a beaucoup qui font cela. Il faut du temps de voir et d'assimiler.

Comment gérer la culpabilité (car il ne s'agit pas que de sentiments de culpabilité) et ce qui va avec, la perte d'estime de soi, la déception, la colère ?

Des institutions de la société se sont emparées du thème : « culpabilité ». Les religions d'abord, puis les tribunaux, et enfin les psy, se sont emparés principalement de la gouvernance des gens trouvés coupables.*

Elles ont toutes les trois, profité de cette thématique pour l'exploiter à fond, et s'en sont enrichies.

Elles ne se préoccupent pas tant des victimes ou des conséquences des actes commis ou criminels.
Leur cible est l'offenseur.

Elles invoquent le pardon, l'absolution, la repentance,
ou bien la punition, les amandes, soit les médicaments, les anesthésiants, mais rien ne se passe pour la victime.

* *psychologues, psychiatres, psychanalystes, psychothérapeutes*

Victimes

On ne fait pas fortune sur les victimes !

Les revenus perçus par les églises, ou les tribunaux ne vont pas chez eux, mais garnissent les caisses de ces institutions.

Les ressources mises en place pour les victimes le sont au gré des humeurs du public si celui-ci en est informé, ou par des organisations de charité souvent bénévoles, souvent s'enrichissant eux-mêmes.

Il n'y a peu d'investissement pour l'étude des conséquences des actions malfaisantes, ni une évaluation des réactions en chaîne qui s'en suit, peut-être multi-générationnel que cela peut déclencher, ni de trouver le moyen de ne pas le répéter.

Les guerres sont réputées bons pour le business, pour l'économie, disent les gens qui n'ont pas encore pensé les processus jusqu'au bout.

Si mal est fait, c'est irréparable. On doit pouvoir évaluer en quoi cela consiste. La réparation n'est pas possible.

Après avoir déstabilisé la vie d'une victime qui n'a rien fait de mal, l'offenseur a le culot de lui demander de faire l'effort de lui pardonner.

La décision de pardonner peut beaucoup aider la victime, ce n'est pas un bonne vie de broyer du noir, et la haine, mais ce n'est à la victime de de-culpabiliser l'agresseur..

Petite histoire

En promenade le long de la rivière avec deux dames très gentilles, grand-mères aimantes, nous avons vu une voiture parquée sur l'herbe, probablement pour garder libre le sentier pédestre. Une famille de visiteurs pataugeait joyeusement dans l'eau de la rivière.

En voyant la voiture, les deux dames se sont indignées. Elles ont interpellé la famille pour les gronder, puis elles ont commencé à l'insulter de plus en plus violemment. Elles ont crié « Honte sur vous » pour que le maximum de gens puisse l'entendre. Elles ont déversé beaucoup de frustration voire de la haine en se croyant parfaitement dans leur droit en vue de l'infraction du parcage.

Cette famille n'avait aucune intention de faire du mal, au contraire, elle cherchait la détente avec les enfants. Tandis que les Omas visaient à faire mal !

Dans cette relation d'action et de réaction, les deux avaient tort, mais la première n'était pas informée ou insouciante, mais n'avait pas l'intention d'offenser qui que ce soit, tandis que la dernière avait l'intention d'infliger une punition.

Évaluation

On a continué notre promenade, mais ce qui fut étonnant était que, lorsque les femmes s'étaient calmées de leur colère, à aucun moment elles ne se sont demandé ce que leurs insultes auraient pu causer à la famille, les répercussions que cela aurait pu entraîner pour leur paix familiale. Aucun sentiment d'avoir mal agi ou d'être coupable n'a fait surface.

C'est étonnant à quelle vitesse la malveillance peut naître dans les êtres humains !

Si les femmes étaient retournées pour aller voir les effets, elles auraient réalisé ce qu'elles avaient causé, et que cela ne pouvait pas être défait. Cela s'inscrit dans la vie de nous tous.

Il y a des milliers d'exemples de la vie de tous les jours qui illustrent cette tendance à l'agressivité, un instinct qui se manifeste sans vérification, et surtout, sans apprentissage.

Soumission par chosification de l'homme

Les mots utilisés *concernant la culpabilité par ces institutions pour maintenir le statu quo d'adultes* ***sans*** *responsabilités (en style télégraphique) :*

<u>La Bible – Chrétien</u>

- *« ouailles », « brebis », « sujets », « pauvre pécheur » – donc une chosification de l'adulte, une déshumanisation*
- *confession, repentance, pardon divin, l'absolution*
- *l'opportunité de convertir les victimes à la religion*

<u>Mishné Torah – Judaïsme</u>

- *faire techouva pour améliorer sa conduite – expiation et absolution*

<u>Coran - Islam</u>

- *l'humain faible - besoin de Dieu – gagner le pardon par la repentance*

<u>Bouddhisme</u>

Le Karma est un destin. Il n'y a pas de pardon, la victime regarde son agresseur comme une opportunité de grandir spirituellement.

Aucune de ces quatre religions n'exige une prise de responsabilité pour les conséquences des actions commises, de prendre un engagement, de se porter garant comme une personne adulte le devrait, au contraire.

Écologie une nouvelle religion pour certains

- *Encourage tout le monde implicitement ou directement, à se sentir coupable. Ça nous lie les mains et nous culpabilise davantage. L'apprentissage est trop lent.*

Tribunaux

- *Si un malfaiteur est estimé coupable, il doit « purger sa peine », « expier sa culpabilité », payer une amende, s'asseoir dans une prison un temps déterminé par les tribunaux (Straffe absitzen), ou être exécuté(e)s.*

Ça paye des juges, des avocats, tout un appareil pénitentiaire, mais ne lui apprend rien d'utile.

Psy (psychologue, psychothérapeutes, conseillers psys, psychanalystes)

- *Les sentiments de culpabilité sont mentionnés sur plusieurs listes de symptômes de troubles mentaux.*

Les traitements par médicaments sont souvent recommandés pour anesthésier les angoisses dues à la culpabilité et « apaiser le client ».

- *De nos jours, le but de la psychothérapie n'est pas la guérison et la bonne santé, juste le contrôle des symptômes désagréables.*

Amis

- *S'excuser (disculper = enlever à l'autre sa culpabilité), se faire pardonner, se repentir, être blâmé, châtié, puni.*

- *La victime doit se débrouiller seule, ce qu'il accepte sans rechigner.*

Pardonner quelqu'un qui lui a fait du mal n'est bien que pour la victime, cela lui permet de continuer à vivre, sans haine.

S'excuser

Dès le début, les conversations étaient animées, intéressantes, avec cette nouvelle connaissance.

Un jour, il y eut une réaction exagérée surprenante de la part de la personne qui a interrompu une rencontre injustement.

Quelques jours plus tard, la personne est revenue pour s'excuser. C'est-à-dire, elle a voulu obtenir quelque chose concernant son comportement offensif pour qu'elle puisse s'en aller tranquille grâce à ce service : l'autre devait accepter la responsabilité qu'elle ne voulait pas prendre elle-même. Elle a tellement insisté à demander pardon, que c'était fait, et elle est partie. Avec elle est partie l'amitié. Elle a obtenu le contraire de ce qu'elle espérait.

« Je m'excuse auprès de vous », est une demande d'être disculpé (enlever la culpabilité)
« Je suis venu pour vous **demander** *de m'excuser »*
« Pardonnez-moi »

En quoi est-ce une responsabilité d'assumer l'erreur d'un autre ? Cela valide l'erreur et change l'égalité entre interlocuteurs faisant du tort à la relation.

Cet ami potentiel aurait pu dire de façon descriptive : « mon comportement a un peu gâché l'harmonie entre nous et je tiens à vous. » Ce serait la réaction descriptive relationnelle.
Une autre manière de réagir eût été : « j'ai compris mon erreur » pour ceux qui ne sont pas « dans le relationnel ».

C'est la décision de la victime de comment continuer la relation. Le choix de prendre de la distance est une conséquence possible, et si on continue ensemble, les bases seraient à pied d'égalité et l'événement malencontreux aurait été un apprentissage.

Vulnérabilités et dangers

Dans les pays riches, les commerçants ont bien compris ce qui nous fait agir. Leur publicité s'adresse directement au paléocortex. Ils ajoutent quelques commentaires pour enlever les soucis que pourrait soulever notre néocortex ou pour ne pas trop l'éveiller.

Il n'y a pas de blâme à ça. C'est leur jeu, leur manière de participer avec nous au consumérisme bien aimé, mais ô combien malfaisant dans l'ensemble de la communauté terrestre !

Nous ne voyons pas les effets dévastateurs en regardant autour de nous. Cela se passe quelque part ailleurs, souvent au sud ou à l'est. Donc on devrait mieux se maîtriser si nous voulions au moins empêcher la souffrance.

Ce ne sont pas les lois, ou législatures, ou gouvernements, ni mouvements sociaux, qui peuvent atteindre cela. C'est à chacun de nous de le gérer en nous ! Par exemple ne plus acheter des habits dont on en a déjà beaucoup trop. La transportation à grandes distances des t-shirts par exemple fait plus de dommages au climat mondial que les vols d'avions de ligne, en plus d'un coût humain et environnemental.

Transition du capitalisme à l'écologisme

Les deux viennent de notre comportement, ce qui fait que le changement de l'un à l'autre doit s'opérer en nous, et pas dans des gouvernements ou des lois.

L'un émane de notre amour du consumérisme, souvent compulsif, et l'autre de notre amour de la nature, plus réfléchi.

Le capitalisme nous aide à trouver de la satisfaction et une identité grâce au shopping. « J'achète, je possède, donc je suis ! » « J'ai une voiture, donc je suis quelqu'un. » , tandis que l'écologisme vient de l'appréciation de nous-mêmes comme nous sommes.

Par conséquent, c'est nous qui sommes le capitalisme.
Il est probablement une partie importante de la cause de guerres et des massacres du XXe siècle.
On arrive au chiffre 95 650 000 de victimes…

Le capitalisme n'a jamais rien promis. Il n'est pas un régime politique comme le communisme dont les bibliothèques croulent sous incriminations. Il n'a jamais trahi un engagement, il n'y a aucune tromperie.

Il n'y a pas « une philosophie capitaliste ».

Le capitalisme ne s'intéresse pas à l'homme : il s'occupe de la marchandise !

Si nous démantelions le capitalisme, nous deviendrions presque naturellement écologistes, car nous sommes de ce système de vie. Mais pas autrement. L'écologisme n'est pas non plus une philosophie, loin de là.

Nous ne pouvons pas être des deux, car l'un exclut l'autre.

Capitalisme à bout de souffle

*Nous parlons de « transition », mais sans explication. Transiter ce n'est pas comme changer de terminal à l'aéroport !
Pour changer une manière de faire, il est nécessaire d'adapter les infrastructures pour avoir une nouvelle base de fonctionnement.*

Pour changer de place une lampe d'un coin du salon à l'autre, il faut tirer les câbles électriques et les replacer. Ce qui peut représenter pas mal de remue-ménage : déplacer des meubles, faire des trous dans le mur, enfiler à l'intérieur de la paroi, installer des prises, nettoyer.

*Certains changements peuvent être des engagements assez coûteux et longs. Pour cela il faut être sûr et déterminé.
Il y a sans doute besoin d'expliquer beaucoup de fois pourquoi on veut effectuer ce changement. Cela veut dire être à même de délibérer pour soi dans sa tête.*

C'est donc la décision du changement qui prend beaucoup d'énergie. Mais une fois que ce processus a commencé, le statu quo n'est plus en place, il y aura plus de flexibilité, l'infrastructure s'accommode de plus en plus vite aux changements, et d'autres personnes suivent.

Mao Tse Tung et Pol Pot, voulant changer leur **régime politique** *— ce qui n'est pas notre cas heureusement ! —, ont tout détruit pour faire un « Grand Bond en avant » au prix de la perte 20 % de la population pour l'un, et pour l'autre 25 fois plus, ils ont obtenu un grand carnage.*

Même si l'on voulait faire un « bond en avant », c'est-à-dire forcer et tuer, une révolution ne ferait pas l'affaire pour nous, car il s'agit de nos addictions, nos dépendances.

Objet transitionnel

Le nouveau-né ne distingue pas encore entre lui et les autres. Pour ce faire, il lui faut quelque chose pour l'aider à supporter la frustration causée par le passage de

fusion avec sa mère - à une dépendance diffuse - à lui-même.

Cette « désillusion » nécessite un objet qui aide et adoucit la transition. C'est généralement quelque chose de doux à toucher comme un nounours. C'est nécessaire pour que l'enfant se laisse nourrir, pour qu'il se sente vivant sur terre dans un corps à lui avec ses besoins, ce qui inclut les autres.

Pour l'adulte la libération de la soumission nécessite probablement également un objet transitionnel. Il pourrait utiliser l'art pour se projeter hors de lui-même.

Humaniser l'argent

Préparons-nous, car la production de valeur se fait avec de moins en moins avec le besoin en travail humain.

Quelle sont nos options :

*Un **revenu de base inconditionnel**,*

Il s'agit d'une rente mensuelle, suffisante pour vivre, versée individuellement à chaque personne, de la naissance à la mort, quels que soient ses autres revenus ou sa fortune. Si cet argent mensuel n'était pas dépensé/utilisé dans le mois, il perdrait sa valeur. Il ne pourrait donc pas être accumulé/économisé/investi/envié/volé. Ce revenu pourrait être en cryptomonnaie donc favoriser l'économie locale.
Cela prendrait 2 -3 % de notre produit intérieur brut.
Qui seront les contribuables et qui les bénéficiaires ?

C'était proposé il y a 50 ans sous le nom « Économie Saine ». Plusieurs pays ont budgété un revenu de base pour l'essayer, 'il s'agit d'un changement de vie communautaire à grande échelle.

*Le **troc** l'un cède une propriété d'un bien et reçoit un autre bien.*

*Un **commerce de compensation** avec l'échange de services.*

***Magasins sans argent** pas de relation entre apporter et prendre quelque chose.*

***Auto-suffisance** : pour une famille de quatre, il faut 15'000 m²*

L'argent de doit pas toujours avoir le dernier mot.

Humaniser

Et si la première préoccupation des dirigeants nationaux était la nourriture au lieu du pétrole ?

Les gens ne peuvent pas fonctionner sans manger. Souffrir et mourir de faim c'est l'affaiblissement et la dégradation totale.

Mettre l'être humain au milieu en politique	*- nourriture*
Mettre le patient au milieu en médecine	*- bien-être*
Mettre la victime au milieu en justice	*- reconstruction*
Mettre l'église au milieu du village	*- soin de l'âme*

Plein de bonnes tâches à entreprendre.
On devrait écrire : remettre, car ceci se faisait déjà il y a quelque temps, avant le système de points, et contrôle qualité, et les profits insensés.

Parti Vert

Tous les partis politiques ont probablement l'écologie sur leur liste des matières à aborder.. C'est nécessaire, parce que les enfants ont manifesté pour leur demander de la faire. Bien qu'une grande partie de cela est la responsabilité des membres de leur génération.

Un parti politique ne peut plus se permettre de ne pas être global, sinon comment peut on justifier une politique de l'écologie ? La pensée seul ne suffit pas. Il est nécessaire de rassembler les gens de partout. « think globally and act locally » (pense mondialement tout en agissant localement), n'est plus d'actualité, on a besoin de se rencontrer.

Crée en Allemagne et repris un peu partout dans le monde, les Verts prennent l'origine dans un mouvement social. Les gens ont à nouveau cultivé le plus possible leur nourriture eux-mêmes. Mais nous sommes trop nombreux sur terre de tous faire cela.

Alors se sont formalisés des valeurs et des piliers pour créer une organisation. En rétrospective, c'était maladroit de demander aux gens l'adhésion à des valeurs et de leur indiquer la direction à prendre.. Nous étions tombés dans le piège des contrôles et des lois. Ce qui n'est pas vraiment 'Vert' ou naturel.

Reconnaissant l'importance de ce mouvement pour la société et pour l'ensemble des dirigeants, on a décidé d'officialiser en ratifiant les Verts comme une entité politique.

Les principes énumérés n'étaient nécessaires que pour les faire « légitimes » en vue de la ratification en tant que 'Parti Vert des États-Unis d'Amérique' (à laquelle j'ai participé à Santa Barbara),

Principes politiques

Chacun individuellement peut ajuster son comportement par rapport aux choses fonctionnels de a vie et aux autres, parce qu'on sait comment faire tout seul. C'est ainsi qu'on peut arriver à une cohésion volontaire communautaire.

Il n'y a pas de principes qui aident un groupe à se « recréer » sans dicter. Les lignes directrices (chartes), sont trop intellectuelles ou mentales, intangibles, dogmatiques, contraires à qui est recherché et nécessaire..

Les diktats créent des jugements de juste ou faux, donc le racisme, et inhibent en partie la créativité, versatilité et la flexibilité,

surtout ne mettent pas le participant au milieu.

Comme Global Greens (libérés) nous pourrions orchestrer mondialement une humanisation de la politique, axée en priorité sur nous et notre nourriture vivante.

On doit être en état pour agir intelligemment, et beaucoup de nous le sommes encore.

Dans un avion on demande à l'adulte de mettre son masque d'oxygène avant celui de l'enfant.

Si quelqu'un veut joindre les verts mondiaux libérés, il suffit de s'annoncer..

qué sera sera. - sea como fuere - wer will, kann -

quant on veut on peut

Désir et Besoin

Comme bénévole avec la Croix-Rouge, on nous a instruits comment approcher des victimes d'un incendie d'immeuble locatif. Bien sûr de leur offrir protection et à boire et à manger. On devait aussi leur demander ce dont ils avaient besoin dans l'immédiat. On nous a recommandé de ne pas faire des jugements. Seule la personne peut savoir ce dont elle a besoin et connaître la différence entre cela et ses désirs. Il est important de pouvoir déterminer pour soi la différence entre besoin et désir.

C'est ainsi qu'un homme a demandé un complet avec une chemise, et une femme une trousse de maquillage.
Sans la moindre hésitation, nous leur avons procuré ces choses.

L'homme était avec les pompes funèbres et voulait retourner au travail au plus vite, et la femme voulait se sentir mieux pour affronter les changements dans sa vie dus à l'incendie et ses pertes.

On sait plus facilement la différence entre désir et besoin en situation de crise.

Effondrement

Pour se rendre compte qu'il y a un problème, il faut que celui-ci se manifeste.

On ne peut pas intervenir pour le stopper au début du processus avant de comprendre, sinon c'est agir par quelque théorie scientifique populaire du moment. Le passé a montré que les projections et modèles scientifiques n'aident pas suffisamment. C'est la crise qui a l'information utile en soi. Mais souvent c'est inévitablement trop tard.

De nos jours nous pouvons mieux apprécier ce qui est causé, il y a tellement d'évidence partout de ce qui a été raté si on regarde. Ignorer l'évidence de la crise devient le problème.

N'est-ce pas un signe de fausse route que nous devions dépenser tant d'énergie mentale et matérielle pour essayer de réparer, faire des dons et trouver dans les croyances, des choses auxquelles on a recours seulement en aval d'un incident. Donc après-coup.

Nous devons nous intéresser à l'amont, à l'antérieur du problème. Reconnaître les signes précurseurs. Il y en a déjà tant.

Collapsologie

Bien sûr nous sommes toujours friands de mauvaises nouvelles. On est fasciné par les prédictions de catastrophes.

Déjà les auteurs de la bible ont compris cela. Ils ont épicé ce livre avec des scènes de destructions, d'horreurs, il y même des incitations à la violence meurtrière (un pape apparemment a décrété en fin du siècle passé qu'il fallait « contextualiser » ces dernières et ne pas les suivre.)

Un tel livre se vend mieux que ce fascicule qui invite à la créativité, musique, rencontre de gens, plaisir avec des jeux pour découvrir son plein potentiel.

Notre doute de nous-même est tel que pour ***agir*** *on doit chercher quelqu'un qui veuille bien nous menacer, pour* ***réagir****.*
On se sent mieux ainsi et peux dire : « c'est pas moi, c'est l'autre » car c'est cela qu'on cherche.
On en oublie la vraie satisfaction et le plaisir d'un travail bien fait. Tant pis.

Les événements de l'histoire on montré cependant que si on réagit sous menace, cela n'aide pas au développement sain. Peut être parce que l'oppression engendre l'oppression, la violence engendre la violence. On en perd la liberté de choix et de bien-être.

Lisons les livres décrivant collapse et Intelligence artificielle pour ouvrir notre esprit. Ce sont des choses qu'il faut savoir.

Ressources naturelles

La terre est à notre service, donc nous au sien. Il y a forcément utilisation de ressources, et nécessité de tuer (pour manger). La terre nous offre ce qu'il nous faut pour vivre.

Cela ne nécessite pas de causer de la souffrance.

Donc il n'y a rien à acheter, à voler, à conquérir, à coloniser, à posséder, tout est gracieusement là pour nous tous. Nous pouvons nous servir avec gratitude.

Avant de considérer comment utiliser ce cadeau et le préserver, on aimerait naturellement savoir : ce don est en échange de quoi ? Après tout, nous avons l'habitude du commerce, il n'y a rien pour rien.

Nous n'aurons pas la réponse. De ne pas savoir, nous inspire du respect et de la bonne volonté, cela nous garde humbles et responsables.

Naturellement, les religieux et les philosophes imaginent des réponses, ce qui enlève malheureusement la beauté de ce qui est. En prétendant une expertise, ils nous induisent à douter, car nous déléguons une partie de notre responsabilité à eux. C'est dommage. Cela se traduit dans notre comportement devenu plus passif, en attendant de savoir pour sûr, et en fin de compte nous infantilise.

Droit

Les questions à se poser :

- *Avec qui doit-on partager ?*
- *Est-ce acceptable que l'usage diminue les ressources ?*
- *Devons-nous nous sentir coupables ?*

Coupable de vivre ? Cela ne fait pas de sens. Pas besoin de demander à qui que ce soit.

Les plantes, les animaux et bactéries vivent mieux, l'homme ne fait confiance malheureusement qu'à ce qu'il peut verbaliser. Ce qui est un alignement de mots, parlant d'un monde qui n'est pas linéaire, l'empêchant souvent d'accepter ce qui est.

L'homme passe à côté de choses importantes par trop de raisonnement, trop de mental, une activité qui a lieu que dans la couche dermique de notre cerveau, à la toute fine surface.

Les gens dans des pays occidentaux favorisent le capitalisme même sachant qu'il cause des problèmes, mais n'en voyant que très peu les conséquences.

En d'autres régions, très arides, par exemple au Pakistan les gens ont planté 1 billion d'arbres de 42 espèces différentes, appelé Or Vert (Green Gold). Au Japon, une armée entière a été utilisée pour planter des arbres.

Depuis les grandes guerres du siècle passé, beaucoup a été entrepris pour une gouvernance sociale mondiale. On n'entend pas beaucoup parler de ces conventions qui devraient toutes être dans notre caisse d'outils pour décider. Voici une liste :

1963 – 2002 <u>Codex alimentaire</u>
Normes alimentaires, pratiques loyales dans le commerce alimentaire, une bonne alimentation pour tout le monde partout

1974– 2009 <u>Éradication de la cécité des rivières</u>
Des dizaines de milliers de personnes rendues aveugles et contaminées par la mouche noire. À protégé 40 millions de personnes.

1974 – 2009 <u>Comité de la sécurité alimentaire mondiale</u>
Ce comité est le principal forum sur la sécurité alimentaire et la nutrition

1990 – 2014 <u>Lutte contre la faim en Amérique latine et dans les Caraïbes</u>
A réduit de moitié le nombre de personnes souffrant de la faim Engagement politique, garantir la disponibilité d'aliments, faciliter l'accès à la nourriture et promouvoir le bien-être nutritionnel

Traités

1994 – 2011 <u>Éradication de la peste bovine</u>
Maladie virale mortelle à 100 % pour les vaches et les buffles d'élevage qui a engendré des famines pour les gens

2001 <u>Traité sur les ressources pour l'alimentation</u>
Accepté par 135 pays. À qui appartiennent les semences (ressources phylogénétiques) ?

Heureusement, nous avons eu la sagesse d'agir le siècle passé.

Depuis les premières guerres mondiales, nous avons mis en place plus de 100 protocoles, conventions et traités internationaux pour régler et protéger l'environnement.

1940 :	*il y en eut*	*4*
1950 :		*6*
1960 :		*10*
1970 :		*19*
1980 :		*28*
1990 :		*41*
2000 :		*8*
2010 :		*2*

Pourquoi cette diminution ? Est-ce que ces engagements sont respectés ?

Qui connaît ces engagements mondiaux ? Pourquoi pas tout le monde, puisqu'ils nous concernent tous ?

Garde-fous

Dans la nature il y a équilibre entre toutes les choses. C'est comme inspirer et expirer, trop d'un ou trop de l'autre nous rend malades.

La fonction cérébrale est prête à manier cela selon les spécifications suivantes :

- *Ignorer ses DOULEURS =* ***douleur***
  (on n'essaye pas d'éviter les dangers, ne sentant pas)
- *Ignorer ses ERREURS =* ***erreur***
  (on se coupe de l'autre et risque le rejet social)
- *Ignorer ses ÉMOTIONS =* ***émotion*** *forte*
  (on aggrave ce qu'on essaye d'éviter et perd les liens)

Grâce à la douleur on évite la douleur et de se faire mal
Grâce à l'erreur, on apprend à se rediriger
Grâce à l'émotion, on évite la solitude

En fait, qu'est-ce qui nous incite à rester en santé, qu'est-ce qui nous motive ?

On reconnaît dans les profondeurs de nous-mêmes une dimension transcendante de notre être qui procure un immense sentiment de sens.

Cycles de vie

Nous pouvons être reconnaissants de pouvoir nous nourrir. Nous sommes de la « chaîne alimentaire ». Il s'agit d'un cycle de vie continue. Alors, pourquoi parler du haut et du bas de la chaîne ? On se nourrit les uns des autres.

Tout est cyclique. C'est pour cela qu'il n'y a pas de fin. « C'est fini, pour toi on éteint ! » . Ce mots n'a pas de place dans un écosystème de vie. Il s'applique seulement aux robots.

On porte en nous ceux qui nous ont précédés. Nous nous perpétuons à travers nos espèces.

Rien ne disparaît à jamais. C'est les conditions qui ont disparu des espèces qui n'ont plus ce qu'il leur faut pour vivre sur terre, pas eux-même.

Une forêt de chênes reste une forêt de chênes bien qu'il y ait des arbres en décomposition.

On est toujours là les uns pour les autres, on a fait pas mal de chemin ensemble depuis la nuit des temps. Pourquoi cela s'arrêterait-il tout d'un coup ?

Conversation

_ *Comment vous appelez-vous ?*

_ *Tartempion*

_ *Et votre nom de famille ?*

_ *Ce n'est pas moi, c'est ma famille, ou la famille de mon mari.*

_ *Êtes-vous infirmière ou psychothérapeute ?*

_ *Non, je suis Tartempion. J'ai pratiqué ces professions.*

_ *Vous êtes Suisse ?*

_ *Non, Tartempion, et j'habite près du Jura du côté Suisse.*

_ *Alors croyez-vous qu'il y a un problème avec notre environnement ?*

_ *Pourriez-vous reformuler le sujet dans un autre registre, s'il vous plaît ? Je ne suis pas sûre de saisir.*

_ *Un registre ? Je ne comprends pas.*

_ *C'est le registre des croyances.*

_ *Quel autre registre y a-t-il ?*

_ *Essayez de reformuler dans le registre écologique par exemple, et vous verrez, on se comprendra.*

Registre de référence

Presque toutes nos phrases commencent ainsi :

« je crois que…. » ou « je pense…. »
« je ne crois pas que…. »

Comment avoir une discussion de choses réelles et prendre des décisions si l'un et l'autre ne savent pas, ne sont pas sûrs, doutent, ne perçoivent pas ?

Ne pas savoir n'est pas un handicap.

Des philosophes préconisent qu'on peut trouver ce qu'on devrait savoir dans « La République », les dialogues de Platon, écrits en dix volumes au IVe siècle avant J-C.

Chouette ! Chaque fois qu'on parle, il faut d'abord aller lire « La République ».

Ces écrits ont été lus et appréciés. Ils sont entrés dans le subconscient collectif et ont été formateurs pour l'Humanité. Depuis le temps qu'on en parle. Cela devrait suffire.

Nous avons appris d'autres choses depuis l'époque de Platon.

Comme référence, on peut utiliser simplement un ami, l'arbre ! D'ailleurs, c'est la seule famille de végétaux que nous ne mangeons pas, on ne mange que ses fruits.
Le bambou est un herbe géant.

Arbre

L'arbre nous montre ce qu'il faut savoir. Ses attributs et nécessités sont aussi les nôtres.

***Donne** :*

- *Partager la lumière avec les autres*
- *Laisser la place à l'autre, pour son épanouissement*
- *Se nourrir et nourrir les autres*
- *Se préserver des maladies et des parasites*
- *Effectuer la transformation en oxygène pour nous*
- *Offrir le gîte et l'abri à d'autres espèces*
- *Servir l'homme pour les constructions et la chaleur*
- *Éviter les glissements de terrains en pente*
- *Terrain de jeu et d'apprentissage pour les enfants*
- *Beauté et harmonie*
- *Chanter en frottant les feuilles*
- *Sensibilité à la lune*
- *Renouveau annuel*
- *Tout de lui est utile*
- *Donne de l'ombre, des fruits nutritifs et désaltérants*
- *Tué, il donne du bois de construction et de chauffage*
- *Prépare du charbon pour le futur*
- *Donne de quoi se régaler aux insectes, champignons.*
- *N'est pas bio dégradé, il y a des constructions en bois qui ont trois cents ans.*
- *et il nous montre qu'on ne grandit pas jusqu'au ciel*

Besoins :

Rien de l'homme.
Il doit avoir assez d'espace pour pouvoir s'épanouir.
À moins d'une maladie ou d'une blessure, il n'a pas de problème.

Vache

Une vache laitière pour chaque famille ?

La vache

***Donne** : du lait tous les jours après avoir eu un veau qui lui a été enlevé après la naissance pour que nous puissions boire le lait à sa place, faire du beurre, yogourt, et fromage. Tuée elle donne à manger à une famille de 4 pendant une année. (270 kg commercialisables, ou 150 kg nets sans os ou gras). Plus le veau deux-trois mois de repas.*

***Besoins** : 60 kilogrammes de nourriture par jour, un pré pour brouter en été et assez d'herbe pour l'ensiler pour l'hiver, 60 grammes de sel et 90 litres d'eau tous les jours et l'abri d'une étable en hiver, son urine et ses excréments récoltés tous les jours et distribués dans le pré ou entreposés à l'abri.*

***Coûts** : elle coûte 1630 € à l'achat, doit être inséminée artificiellement une fois par an pour avoir un veau et stimuler la production de lait, doit être traitée tous les jours, elle dégage du méthane, un gaz à effet de serre, elle doit être remplacée tous les cinq ans. C'est 740 kilogrammes de viande et un veau 150. Frais de vétérinaire, d'insémination, d'abattoir, et de boucherie.*

Marcher dans un pré pas encore fauché en été,
prive une vache d'un petit déjeuner en hiver.

Les choix de l'activiste :

1.
Plainte pénale, action juridique (cher)
Vote – référendum (longue durée)
Mouvement social philosophique (sous-groupes)
Réseaux sociaux Internet (Tchatche)

2.
La grève (à double tranchant)
La manifestation (dangereuse)
Le boycott (résistance passive)
La désobéissance civile (provocatrice)

3.
Changement de registre de pensée
Justice réparatrice universelle
Médiation de conflits
Abaissement de frontières et barrières
Écoles, éducation continue pour adultes
Soins de santé physique et mentale
Vivre « en live » – dans le présent

4.
Développement de coopératives (constructif)
Revenu de base inconditionnel (sécurité financière)
Médecine alternative (guérison)
Justice restaurative (santé)
Artisanat de récupération (recyclage et habilité)
Activités artistiques (créativité)
Musique « faite maison », live (apaisant)
Activités sportives (stimulant)
Activités intergénérationnelles (entraide et soins)
Bénévolat (utile)
Voyages informationnels (formateur)
Semaine verte pour les écoliers (nature)
Jardins potagers pour enfants (nature)
Stages nature et leçons vertes (nature)
Semaine verte pour écoliers (nature)

Mal-appris

Qu'avons-nous encore appris à l'école enfantine ?

Nous avons tous bâti des structures de toutes sortes avec les blocs de construction. Si toutes les pièces étaient utilisées, on donnait alors un grand coup pour que tout s'effondre et on recommençait à zéro.

C'est ainsi que nous avons fait dans le monde. Après chaque guerre, on pouvait voir à quelle vitesse les cités étaient reconstruites, en effet comme les constructions en LEGO®.

***Mais**, ce qu'on ne voit pas, ce sont les séquelles de grandes régions de terres cultivables mises hors d'utilisation.*

La guerre cause une pollution à très long terme induite par les agents toxiques des différentes munitions, plombs et autre chimie.

En Zimbabwe, par exemple, des champs restent minés et condamnés, il y a vingt ans depuis la fin du conflit, et pas d'amélioration en vue.

N'est-ce pas considéré comme une chose importante à faire ? On investit des ressources importantes pour voir de l'extérieur une chambre au milieu de la pyramide de Khéops, on devrait pouvoir trouver des mines dans un champ agricole.

Donc, tout ce que nous avons appris à l'école enfantine ne s'applique pas forcément à la vraie vie. Nous ne pouvons plus nous permettre des guerres où que ce soit sur terre, parce que nous dépendons de l'agriculture pour nous nourrir.

Réponse – Quiz 13

Le réformateur Jean Calvin, voulant bannir les richesses, obligeait les joailliers de se convertir en horlogers, à fabriquer des montres de poche d'abord, puis des montres-bracelets.
Au XVIIIe siècle commençait l'industrie massive.

Avant ce temps, tout le monde savait quelle heure il était, par les sons des cloches entendues à grandes distances, tous les quarts d'heure. 1 coup de cloche, 2 coups, 3 coups, puis 4 coups pour avertir qu'il fallait compter le nombre de coups pour l'heure.

C'est ainsi que le peuple de ville et de campagne s'habituait à savoir l'heure, et petit à petit, c'est devenu naturel pour lui d'être ponctuel. La prévisibilité aide toute planification de la vie commune.

C'est un exemple d'une adaptation. Les Suisses n'ont pas des traits de caractère plus rigides que d'autres !

Images

Les images sont donc utiles pour notre comportement. Heureusement ! Car les images sont un langage commun, terrien, donc notre terrain d'entente le plus sûr.

Pour illustrer : on peut faire savoir à une personne avec un clic qu'on l'aime au lieu d'avoir d'abord à étudier pour pouvoir dire : मैं तुमसे प्या – करता. *Par exemple. Les émojis attestent de cela. Ils sont une simple langue universelle.*

Bien des animaux saisissent les images, mais eux ne peuvent pas les transposer en verbe pour les comprendre avant d'agir. Ils ont moins à apprendre puisqu'ils se fie à l'organisation sociale fonctionnelle, ce que nous n'avons pas.

Les données pour eux sont donc les mêmes. Pourtant, souvent ils ont des comportements et capacités qui dépassent de loin ceux des hommes.

L'homme est équipé pour d'autres accomplissements. Il veut être libre d'agir avec enthousiasmes.

Un travail intérieur et individuel qui lui est demandé est difficile et ennuyeuse.

Comment jouer en accord ? Comment orchestrer ?

Marcher sur le Feu

Traverser pieds nus six mètres de charbon ardents, toujours embrasé et orange, avec des petites flambés ici et là, demande une préparation.

L'astuce utilisé *est utile dans tous les passages effrayants ou difficiles dans la vie, comme traverser une foret sans lumière, participer à un entretien angoissant, appréhender une transition de vie, un passage difficile.*

L' échappatoire se trouve dans la préparation.
Il est basé sur la réalité que une fois arrivé de l'autre côté on sera de nouveau en sécurité.

Il faut s'y voir déjà. On se concentre alors sur après l'obstacle.

L'expérience en marchant sur le feu devient alors intrigante, c'est comme écraser des chips de pomme-de-terre sous les pieds. On sent la chaleur autour de soi, mais pas de brûlure aux pieds. Il y en a pas. Une immunité au feu.

L'astuce qui aide peut servir en abordant les problèmes d'aujourd'hui. Il faut se faire une image pour après.
Du coup un projet ennuyeux fait sens dans notre vie,et on a une bonne raison d'affronter la difficulté.

D'espérer qu'il n'y aura pas de mal en s'engageant sur le tapis brûlant, n'aide pas.

Une astuce *complémentaire, pour s'aider à traverser un passage difficile :*

compenser à temps égal, avec des plaisirs. Comme dans la nature, garder toujours l'équilibre ou comme le funambule, sinon on tombe.

Quiz 14 - Devinette

Qu'est-ce que nous ne voyons pas de nous-mêmes ?

Pour la naissance de nouveaux neurones, il faut un événement surprenant, un intérêt particulier qui nous excite, une surprise pour la déclencher, donc ce processus est dépendant de notre activité.

Les premières 30 minutes sous ce stimulus, un neurone enfle, puis en d'autres 30 minutes, se divise en deux. Donc on aura un neurone en plus prêt à fonctionner une heure après la stimulation. Cette dynamique psychobiologique est à la base de notre apprentissage et aussi de notre guérison, donc notre outil pour notre évolution.

Ce sentiment par lequel on grandit, se sentant de se savoir vivant et compétent, est très valorisant et agréable, on en a besoin. C'est ***l'addiction du néocortex****, on doit trouver de la stimulation à tout prix pour fabriquer des nouveaux gènes.*

Dépendance compulsive

L'homme a besoin d'activer son cerveau, sinon il dépérit. Si ce processus n'est pas maintenu, ses facultés s'estompent.

Soit il cherchera de la stimulation où qu'il puisse, soit se laissera aller, peut-être devenir malade, déprimé, ou délinquant.

Par exemple : quelqu'un qui dépend de son emploi pour les stimulations est mis au chômage, ou à la retraite, doit pouvoir remplacer par d'autres stimulations pour que le processus de division génétique et le sentiment de compétence et d'apprentissage continuent pour lui. Il en dépend pour bien vivre.

C'est ainsi que des gens cherchent des endroits où trouver cette stimulation, peu importe le moyen. Quelqu'un entre dans les ordres, ou une secte, ou s'enrôle dans l'armée, ou se joint à une manifestation, ou à un mouvement social ou politique. L'idée de guerre, ou le désir de joindre le jihad sont souvent excitants au début.

Plus il y a de l'activité nouvelle et excitante, plus c'est apprécié, c'est fournir à son cerveau le stimulus qu'il lui faut pour développer l'intelligence, un besoin humain très poussé. Ce qui peut mener quelqu'un dans une vie pas vraiment voulue.

Serait-ce possible d'aider cela autrement ?

Maintenant qu'on a vu ce processus, on peut le gérer différemment.

Par exemple, un psychiatre, qui, lorsqu'un patient « était devenu trop stagnant » dans son progrès, mit en scène des surprises. Il se déguisait en monstre ou en guignol pour instaurer un changement de perception, une démarche thérapeutique étonnante, quelque chose d'inattendu. Il suffisait d'une heure pour faire bon effet.

sont devenus populaires. Ils doivent être efficaces pour engendrer la neurogenèse. Beaucoup de gens jouent. Ils s'améliorent de jeu en jeu, donc ils en veulent plus.

C'est probablement pour cette raison que les militaires favorisent ces jeux pour former des soldats à viser et tirer.

On cherche cette satisfaction à tout prix. Le moyen n'importe peu. On évolue alors dans une autre vie, virtuelle.

La fabrication de neurones n'est d'aucune utilité si ce potentiel n'est utilisé qu'en circuit fermé, donc hors de la vraie vie, cela ne bénéficie à personne.

Donc si cela se développe en dépendance, c'est une deuxième addiction qui peut nous conduire loin d'une vie saine, comme celle liée aux stupéfiants du paléocortex induit par des drogues.

Leur mécanisme est différent, donc l'approche thérapeutique devrait l'être.

L'addiction aux jeux vidéo crée de l'intelligence adaptée à un monde souvent très excitant, à côté duquel notre vie de tous les jours semble quelconque et fade.

Faux

Par exemple : apprendre à jouer du piano

En déchiffrant une nouvelle partition, jouant lentement et laborieusement, si on joue une fausse note, le cerveau absorbe cette note automatiquement et instantanément.

À chaque fois en rejouant la pièce par la suite, on butera à cette même note, car elle a été enregistrée « fausse » dans notre cervelle.

***Apprendre faux**, c'est comme froisser un papier à lettres. Le défroisser prend beaucoup d'effort, l'aplatir, l'humidifier, le tirer dans tous les sens, le repasser.*

On ne peut pas désapprendre ! Mais on peut superposer une information, moyennant un effort, dès qu'on s'en aperçoit, puis il faut le pratiquer plus souvent que le reste.

Ensuite, pour apprendre à jouer une nouvelle pièce au piano de façon fluide, il faut 20 heures de pratique sur cette pièce. Ce serait alors acquis.

Pour atteindre une virtuosité : il faudra 10 000 heures (cela ferait 5 ans à temps complet). Cela deviendrait inné.

Faire du mal est comme casser un verre. On ne peut pas le réparer, tout au plus le recoller, mais la cassure est permanente. Si on l'amenait à la fonte pour le refaire, ce serait un autre verre.

Petite histoire

Les enfants sur les sièges arrière, et les mères devant. Tous très gais, une sortie-découverte pour la journée. Tant de choses à voir, tant de choses à apprendre !

Les mères ont fait de grands efforts pour attirer l'attention des petits garçons sur les animaux dans les champs, les véhicules agricoles bruyants, pour intéresser, expliquer, instruire.

Soudain, le petit de cinq ans dit : « ne parlez plus ! Je ne veux plus que vous parliez. »

Les femmes, essayant de comprendre la raison de sa demande, l'ont questionné. Donc on a continué de parler, au mépris flagrant de sa demande. Puis il dit :

« Je sens une colère dans mon ventre qui veut monter ! » Il était à bout de patience. Alors nous nous sommes tus avec respect.

Après quelques secondes, cet enfant a commencé à parler de ce qu'il avait envie de dire. Il s'agissait de ses rêves d'avenir, de voler, d'aller loin dans l'espace, il faisait des bruits illustratifs, et se laissait emporter dans ses pensées, considérant sa famille, ses frères et tout son monde.

En écoutant cette richesse de pensée, les adultes ont compris à quel point nous avions essayé de prendre les devants de la conversation, et que l'enfant a trouvé la manière de nous arrêter/stopper pour se faire une place.

Les enfants ont leur propre rythme d'apprentissage. Leur sens de valeurs est inné et ils sont capables de demander leur place. Plus tard, le petit était à nouveau disponible pour les découvertes que nous offrions.

Futur de l'humanité

Il y a un lien entre le cursus d'enseignements scolaires et les tendances sociétales. Ils se transforment en accord avec l'autre continuellement. L'un reflète l'autre. Il n'y a pas de base constante.

Les jeunes écoliers sont souvent encore près de leur vérité, un sens que les adultes ont perdu. On peut les accompagner en étant curieux de ce qu'ils apportent tout en éveillant leur curiosité, au lieu d'imposer un cursus de savoir.

Ce ne sont pas les besoins des enfants, qui décident l'éducation. Ce sont les conditions de ceux qui paient les frais de l'école.

D'abord c'était l'église, ensuite les états nationaux.
Pour ces institutions, une alternative éveillerait un conflit d'intérêts.
Dans la plupart des pays, leur objectif a été, jusqu'à présent, d'affirmer l'unité religieuse, ou l'unité nationale liée à la politique du moment.

La fonction de l'école était 1. entretenir la tradition du passé
et 2. de préparer l'avenir.
Donc une société se transforme, l'école se transforme.

Tant pis pour l'écosystème.

Le système de vie naturelle ne se transforme pas, il est omniprésent, et on ne peut pas le diviser de pays en pays à cause de systèmes politiques. Toute intervention a des effets secondaires.

La trame de fond des écoles est le régime de son pays. Il est nécessaire alors de la dépolitiser sinon l'éducation basée par exemple sur les concepts :

« liberté « patrie » et « fraternité »

il y a déjà trois problèmes à surmonter avant de pouvoir s'épanouir comme citoyen mondial.

Liberté : fais ce que tu veux   Patrie : il n'y a point comme nous   Fraternité : tu as des frères. On ne comprend pas.

Il y a pas si longtemps, les cours ne commençaient pas avant la prière, qui était remplacée par un serment d'allégeance au drapeau.(USA) De nos jours, on voit le drapeau un peu partout. Il imbibe les gens avec fierté. Pourquoi ?

Les drapeaux sont nés et devenus populaires lorsque sur un champ de bataille les vainqueurs mettaient l'uniforme d'un adversaire qu'ils avaient tué, donc vaincu, au bout de leur lance, le levant haut en l'air en signe de victoire. Certains anciens porte-drapeaux sont toujours en forme de lance.

C'est donc un rappel qu'on a massacré avec succès un autre.

C'est difficile de célébrer un symbole de cette nature à l'âge de la « globalisation », mais on éduque les enfants à honorer le drapeau. Pour les soldats, aller à la guerre, c'est dire : « servir sous le drapeau ». On pense à celui au bout de la lance, bien sûr, il n'y a pas de symbole glorifiant l'agonie dans la boue.

Salut

Mots messages pour rassembler les gens : patrie, liberté, fraternité. Accompagnés d'un hymne invitant à aller en guerre.

Ne serait-ce pas plus beau d'utiliser par exemple un mot sans équivoque et un message de paix : SALUT ?
« Salut » en guise de bienvenue et d'accueil, reconnaissance de ton existence, content de te savoir parmi nous.

Salut veut aussi dire santé.

C'est bien entendu lui assigner un autre sens que celui du Moyen-Age. Ce mot était important et souvent utilisé. Il désignait l'aspiration pour un engagement religieux rigoureux.

Guerre

La raison de savoir pourquoi la guerre est déclarée n'est connue que par ceux qui ont pris la décision. Ce n'est pourtant jamais eux qui vont à la bataille. Du moins plus de nos jours. Pour eux, cela ferait sens, mais pas pour les jeunes hommes et jeunes femmes à qui on dit d'obéir quoi qu'on leur dise et qui ne savent par pourquoi.

Le pays le plus à l'avant-garde en ce qui concerne l'éducation des enfants, c'est le Vietnam. Ce n'est peut-être pas par hasard.

Qu'ont-ils vu et compris pendant les seize ans de guerre, causant deux millions de morts et tout ce qui va avec ?

Devinette – Quiz 15

Lors de la déclaration d'une guerre, il y a cependant une considération de la nature prise en compte.
Laquelle ?

Quiz 14 - Réponse

Il y a de grandes parties de notre corps que nous ne verrons jamais. Le dos, autour des bras et jambes, notre tête, notre cou.

Nous ne pouvons pas nous regarder dans les yeux et vérifier s'il y a une étincelle au fond. On n'en voit que le reflet dans le visage des autres et on cherche cela avidement. On ne peut jamais le vérifier et on en doutera dans notre for intérieur.

Le miroir est un verre plat et froid, et la photo est un papier lustré que l'on regarde.

Sens des mots

Pourquoi attirer l'attention sur l'utilisation de mots ?

On n'est jamais sûr d'avoir bien compris les mots que l'on a entendus.

Les mots évoquent des images que nous avons déjà, mais ce n'est pas toujours ce que l'autre entend.

L'empathie n'existant pas, si l'on veut dire « se mettre à la place de l'autre », on ne peut que trouver les images propres, pour les juxtaposer, au mieux pour pouvoir compatir. Ceux qui manquent d'images sont considérés comme des psychopathes.

Le cerveau n'est pas fort en grammaire

- *« Ne te fais pas de* ***soucis*** *! Ce chien n'est pas* ***méchant*** *») ces mots lui font hisser le drapeau rouge (danger), car le cerveau n'entend pas le « ne-pas ».*

Il peut être confus, même après avoir été raisonné, ou avoir reçu une explication :

- *« c'est un p pas un b ou un d » ou « logopédique, locoplédique, polocleptique... »*

Une émotion forte l'empêche d'assimiler l'information verbale. L'accès à la mémoire étant obstrué par des émotions.

- *« Je ne savais plus où trouver mes clés après l'appel de ma mère. »*

Donc en état d'éveil, un cerveau a besoin d'être surveillé constamment, pour vérifier son fonctionnement parce qu'on entend tellement de choses qu'il faut trier et faire une élimination éclairée de l'inexacte, sinon le casier : « Préjudices » devient trop plain.

Saisie des Données (**data entry**)

Absorber l'information.

Une astuce pour se souvenir de mots qu'il faut mémoriser. C'est à nous de les organiser, c'est-à-dire de les classer dans les bons espaces de rangement dans la mémoire sans devoir se « se tordre les méninges ». Ces astuces ne sont rien d'autre que des images.

Par exemple : pour se souvenir d'une série de mots, on les imagine quelque part dans la maison dont on fait le tour imaginaire : le premier, on le place à l'entrée dans un pot de fleurs, puis le second, le long du corridor, et ainsi de suite. Plus le lieu choisi est improbable pour le mot, plus facile ce sera de s'en souvenir. C'est grâce à ce film qu'on se rappelle des mots.

C'est la personne qui range et complète l'information en faisant des corrélations, qui discrimine et juge, en fait sens selon son savoir et ses préférences.

« Tu es intelligent. » « Tu n'es pas intelligent. » L'intelligence n'est pas un état d'être. Que mesure le quotient intellectuel au juste ?

Mémorisation rapide

Un joli exercice-jeu à faire en famille ou en classe

Avant d'expliquer comment faire, prenez dix mots pour commencer. N'importe quoi, dites les lentement pour que l'autre puisse les retenir. Faites les répéter.
C'est difficile et demande un grand effort de concentration.

Puis inversez les rôles. Au fur et à mesure qu'on vous dit un mot, vous le placez sur votre parcours imaginaire. Vous allez épater !

Ce serait très difficile de s'en souvenir en les classant pas sens, par exemple.

Illustration

Le journaliste qui s'intéresse à la vie des gens sans domicile fixe, par exemple, a peut-être beaucoup d'informations dans sa mémoire à ce sujet, des choses qu'il a entendues et lues ici et là. S'il pense qu'il a assez pour écrire son article, il y a la possibilité qu'il ait oublié certains éléments et que d'autres l'aient fortement impressionné. Il court alors le risque qu'un biais transparaisse, qu'il écrive son interprétation (son image créée). En fait, il écrit un préjugé (jugé avant d'avoir vu), ce qui peut tromper le lecteur. Ce n'est pas un bon terrain de communication.

S'il passe quelques jours dans les rues, dans la peau d'une personne sans abri fixe, son cerveau enregistre cette information, et il a immédiatement une image de référence complète et fiable.

Plus tard, cela arrive qu'il découvre des détails qui se montrent sans qu'il s'en souvînt, et il ne doit pas être pressé d'écrire son article, l'image ne s'effacera plus. Il suffit qu'il sache alors bien décrire, et son article aura beaucoup de valeur pour les lecteurs.

Personnes âgées

Les « professionnels » leur administrent des tests de mémoire. Ils doivent se souvenir de mots, donc être capables de « tordre leurs méninges ». C'est cruel.

Mais il est très probable que leur cerveau ait enregistré les images, et que le travail de les transposer et ranger soit devenu trop fatiguant. Sans les mots, ils ont l'air de ne plus se souvenir ce qui détermine leur diagnostic.

Enfants et le sens des mots

La famille est allée dans un musée d'un taxidermiste avec les enfants, âgés de 2, 3, et 5 ans. Très excitant de voir ces animaux !

À l'entrée, ils ont visionné un film expliquant le processus de taxidermie. La présentatrice leur a dit de ne pas toucher les animaux. D'autres personnes l'ont répété plusieurs fois pendant la visite, mais les enfants avaient envie de toucher, sentir la fourrure des ours, des renards, et le faisaient un peu à la sauvette, en cachette.

Dès qu'on leur a dit le pourquoi de cette recommandation, ils ont arrêté instantanément :

L'explication que les caresses faisaient tomber les poils de ces bêtes, et qu'ils ne repoussent pas puisque ces animaux étaient morts, l'interdiction faisait sens. L'image s'est enregistrée et un apprentissage était fait.

Enfants

En promenade, on a observé une minuscule petite fille d'un an s'efforçant de faire ses premiers pas le long du chemin goudronné. Elle semblait contente, fière, et confortable parce qu'elle tenait la main à une jeune sœur et n'avait donc pas le bras trop étiré vers le haut comme avec un adulte. Elle marchait bien.

Par deux reprises, la petite a dévié dans le champ d'herbes, et est tombée à peu près au troisième pas. À chaque fois, la mère est intervenue pour la soulever et la remettre sur le chemin pédestre. La troisième fois, elle l'a grondée, elle devait rester sur le chemin parce qu'elle était tombée encore, ayant été attirée par le défi.

L'interdiction d'aller sur l'herbe a probablement fait intérioriser à l'enfant une image de « capacité à marcher conditionnelle », mais sans savoir quelle condition. Elle a probablement perdu un peu de confiance et de sa fierté et n'a plus fait autant de progrès vers son indépendance qu'elle aurait pu.

Si, quand elle tombait on lui avait dit : dans l'herbe, il y a des trous, marcher dedans est plus difficile, essaye encore une fois sans tomber. Même d'ajouter : jusqu'à ne plus tomber. Elle aurait compris que le problème c'était les trous, pas elle.

Une leçon de vie, et un renforcement du contrôle sur soi et de la crédibilité et la confiance envers la mère, loupé.

Volonté

Ce n'est pas grâce à la volonté que l'on apprend ou guérit, comme c'est souvent préconisé. Une intervention forcée à leur niveau n'accomplit pas de changement.

Ce n'est que la nouvelle information par témoignage, suivi de pensée, réflexion, puis décision, que les choses se réorientent.

Trois choix de comportement

Choisir entre les trois pour chaque action.

1 du Paléo	*: satisfaire une addiction*	*= plaisir excitation*
2 du Néo	*: satisfaire une addiction*	*= plaisir excitation*
3 de témoignage	*: apprendre et évoluer*	*=* ***satisfaction***

Discrètement, s'observer, et au fur et à mesure compter lesquels prédominent, puis rectifier si nécessaire selon ses préférences.

Il n'y a pas besoin de donner de cours là-dessus, car chacun comprend parfaitement, et ce n'est que la personne elle-même qui peut décider. Maintenant, on sait seulement que la décision de chaque personne s'inscrit dans le tout et qu'il a cette responsabilité à considérer.

C'est cela notre liberté, et elle est conditionnelle.

Potentiel

Nous sommes directeurs de notre cerveau et de tout notre corps. Un chef d'orchestre n'a pas besoin de savoir jouer la part de chaque instrument, mais il doit savoir écouter.

Bien que le cerveau tend vers les automatismes, pour nous faciliter la tâche, il n'est pas autonome.

Ce n'est pas lui qui décide de nous faire passer à l'action.

C'est nous qui lui permettons d'actionner les nerfs moteurs.

Le cortex moteur primaire, pour les mouvements volontaires, est renseigné par les quatre lobes du cerveau sur les objectifs à atteindre, et donne l'impulsion. Le mot « volontaire » confirme que nous faisons partie de la décision.

Utiliser la volonté c'est souvent vécu comme une contrainte, le mot est peut-être mal choisi et décourageant et par cela, pas un bon outil pédagogique.

Chacun pour soi peut trouver un moyen d'accès à son intelligence pour l'utiliser respectueusement et intelligemment.

On peut s'entre-aider pour le faire.

Devinette - Quiz 16

Indépendance - Interdépendance - Dépendance.

Que faut-il choisir pour soi-même dans la sociétés mondiale et en couple?

L'indépendance, on ne peut pas

La dépendance, on perd le contrôle de ses choix

L'interdépendance est un état d'être mal-appris

Unir les gens

On ne peut pas juger la raison des choix d'un autre.

Il y en a qui suivent aveuglément ce qu'on leur demande. Ils ont perdu leur choix ou se l'interdisent pour une raison ou une autre.

L'homme ne vit pas bien sans choix, il se renferme sur lui-même et vit en dormant.

La musique est un moyen de passer outre les différends entre les gens. Pourquoi ne l'enseigne-t-on pas à tous les enfants alors ? Chanter ensemble, cela se faisant tous les jours, en famille, entre travailleurs revenant ou allant au travail, l'enfant allant et venant de l'école, les gens occupés dans les champs, partout on chantait. Cela est un besoin assez fondamental de l'homme, comment pouvions-nous le négliger ? Avec quelles conséquences ?

Par exemple :

- *Roman Polanski, qui a passé son enfance dans le ghetto de Cracovie, donc qui connaît le problème des opposants, et la souffrance, a démontré dans son film « Le Pianiste » comment la musique pouvait établir un lien bénéfique entre deux personnes « ennemies ».*

- *Daniel Barenboim a conduit un orchestre de musiciens israélo-palestiniens en 2002 à Ramallah, la capitale administrative des Palestiniens, qui avait été très bien reçu.*

Avant cela, en 2001, il interprétait du Richard Wagner, compositeur préféré d'Adolf Hitler, en Israël, pour montrer que la musique l'emporte sur la politique.
On doit peut-être taire son opinion, mais personne ne peut nous faire taire notre voix.

Juste et faux

« Tu ne chantes pas juste, tu n'as pas l'oreille musicale, pas de sens de rythme, arrête, tu fais trop de bruit »

ou bien on décourage toute initiation à la musique en enseignant le solfège, à côté duquel la trigonométrie semble un jeu d'enfant, sans jamais chanter ou jouer une note.

Dans le temps, on passait des messages par le chant ; des annonces étaient passées dans les montagnes de cime en cime par le Yodle. Les troubadours étaient des conteurs et chanteurs errants qui colportaient des histoires.

La nature a également sa musique. On vend des disques avec ces sons de chants d'oiseaux, de vagues d'océan, pour calmer les esprits des gens stressés. Donc notre cervelle aime la musique.

Par conséquent, la musique peut être un outil politique et de paix de premier ordre. C'est la communication la plus universelle. Les barrières fondent grâce à elle.

L'ouïe et l'odorat se situent dans la partie plus ancienne de notre cerveau. La survie de l'homme était en rapport avec les sons plutôt que la vue. Lorsque le chasseur voit l'ours devant lui, c'est un peu tard, tandis que s'il tend l'oreille, il saurait beaucoup plus tôt qu'il y a un grand animal à proximité.

Cela allait de même pour le soldat américain au Vietnam. Les cigarettes, avec le bruitage et l'odeur qui va avec, ont coûté la vie à beaucoup.

Astuce pour apprendre par cœur

Engager notre cerveau aussi complètement que possible pour ancrer. C'est de les

lire

écrire

dire

***entendre** (on peut le lire à haute voix)*

***chanter** est très efficace, par exemple l'apprentissage de l'alphabet.*

Tous enregistrés dans cinq aires cérébrales différentes.

Instrument

Un musicien ne pourrait faire de la musique convenable s'il devait réfléchir à chaque note. Cela irait trop lentement.

Le cerveau crée un circuit neuronal complexe pour chaque pièce qu'il étudie, cela inclut la contribution de toute part.
La dextérité, la mélodie, les notes justes jouées avec le même doigt à chaque fois si c'est du piano, la composition, la coordination, l'expression d'émotion.

Apprendre à faire de la musique avec un instrument est une bonne expérience parce qu'elle permet de suivre le progrès en observant l'autonomie naissante du cerveau en considération des progrès qu'on fait. Très audibles !

Cet apprentissage peut être lent ou rapide, selon l'effort qu'on fait, mais il est inévitable.

Sudoku

Ce jeu de chiffres énigmatique de prime abord, voire impossible. « Je ne pourrais jamais faire cela, je suis nulle avec les chiffres » Faux, on peut faire.

Au début, la grille n'est pas représentée dans le cerveau. Il faut un peu de temps pour avoir une représentation maîtrisable du jeu dans la tête.

On apprend lentement à apprivoiser le jeu. Il faut tolérer la frustration. On doit apprendre à apprendre.

Une année plus tard, pour une personne âgée, on a une collection de carnets Sudoku remplis, allant de niveau 3 à 15 !

Le cerveau comprend d'un coup d'œil toutes les neuf cases et remarque les chiffres de prime abord.

À chacun de développer une stratégie personnelle. C'est le processus créatif qui est infiniment satisfaisant qui donne un goût de ce jeu, justement à cause de l'effort. L'effet secondaire il augmente la confiance tout en retardant la dégradation du système nerveux.

Trauma et Restructuration de la Mémoire

Après un événement traumatisant, intervenir le plus rapidement que possible et avec compassion à faire décrire ce que la personne a vécu avec le plus de détails que possible. L'intention est de scanner pour trouver des choses oubliées ou mises de côté, des choses positives pour que celles-ci puissent être ajoutées au compte de l'événement. Qu'est-ce que la personne a pensé, ou était capable de faire ! Par exemple : « je me suis tenue à distance » « je ne savais pas que je pouvais crier si fort » « j'ai supporté la douleur » « j'ai pu réfléchir que faire ».

Il sera nécessaire de faire répéter l'histoire plusieurs fois plus tard en mettant de plus en plus d'emphase sur ces détails de capacité et en trouver d'autres, jusqu'à ce que le positif prenne assez d'importance pour que le souvenir devienne tolérable. Car le danger est passé, la douleurs vient encore de la mémoire.

Quelqu'un qui a trop de difficulté d'en parler, on pourrait lui faire faire un dessin. Cette « projection » sur papier regardée et commentée ensemble met un peu de distance, un processus d'objectivation.

Une autre idée est que la personne souffrant de trauma prenne un cours de premier secours, d'arts martiaux, ou une autre activité qui soutienne ses capacités positives découvertes.

***Histoire réconfortante** :*

Comme dit une tisseuse de fibres de lotus de Myanmar, qui a apparemment conduit sa vie sans jamais avoir lu un texte, dit : « Tant qu'on a les pensées pures, ce qu'on fabrique l'est aussi ! » Elle est travailleuse, assidue et sage.

Sa force de vie est le respect et sa reconnaissance pour la vie. Tous les matins, elle donne du peu de sa nourriture symboliquement à cela. Un geste qui met en route chaque jour ce processus de responsabilité, de respect et de contrôle de soi. C'est à imiter.

Un travail est bien fait si on aime le faire.

Réponse – Quiz 11

Arnold von Winkelried, au départ de la bataille de Sempach en 1386, dans une ferveur patriotique, a crié : « Je veux vous ouvrir une voie, prenez soin de ma femme et de mes enfants ! », puis s'est jeté sur les lances des lignes ennemies. Cette attaque suicidaire l'a hissé au niveau de héros légendaire malgré qu'il n'a tué que lui-même.

Quiz 15 - réponse

Elle est généralement déclarée qu'après la rentrée des récoltes agricoles, pour pouvoir approvisionner les soldats.

Quiz 16 - réponse

Il serait nécessaire de constamment chercher l'équilibre entre dépendance et indépendance, donc l'emphase est sur l'équilibre. ...de dissonances à consonances...
Ce qui nécessite de continuellement percer les codes de communication de l'autre/autres, puis de faire des choix pertinents toujours en vue des nouvelles générations.
Notre art de vivre.

Témoignage

Ce centre de conférences international pouvait abriter et pourvoir aux besoins de mille personnes qui venaient des quatre coins du monde.

Une grande bâtisse dans les hauteurs hébergeait tout le monde. Les conférences se tenaient dans une immense salle avec plusieurs espaces à traducteurs simultanés.

Il n'y avait pas de directeur hôtelier pour diriger une équipe. L'organisation, les réservations, les achats, la comptabilité, la cuisine, le service ou le nettoyage, tout cela était laissé aux participants et chacun savait comment se rendre utile.

Pour autant il n'y avait pas de faille dans le fonctionnement. L'ambiance était calme, très particulière.

Tout fonctionne parfaitement aussi dans un hôtel de luxe avec une équipe d'employés, mais il y a une tension sous-jacente en permanence.

Dans le centre de conférences, les participants étaient venus avec de bonnes intentions, c'était la raison de leur venue.

L'emphase pouvait être placée sur les préoccupations importantes. Il y avait des chefs d'État, et des organisateurs de grèves ou de manifestations, qui venaient pour trouver une solution à une impasse.

Sans la confiance en soi et en l'autre on n'y arriverait pas.

Lâcher prise

Combien de temps cela prendrait-il de lâcher nos croyances inutiles et de nous reconnaître partie de la nature au point de nous en inspirer ?

Il y en a probablement qui ne demandent pas mieux, comme par exemple un djihadiste qui n'a pas toujours envie d'obéir et de faire ce qu'on lui dit.

Nous ne pouvons pas rester si vulnérables et divisés en vue de la coévolution avec l'intelligence artificielle.

En fait nous n'avons pas besoin de faire quoi que ce soit, juste accepter d'être comme nous sommes.

Les comportements changeraient automatiquement surtout pour les nouvelles générations, à condition que nous ne les cadrions pas comme avant en leur inculquant nos valeurs, leur permettant de découvrir les leurs par eux-mêmes.

S'ils choisissent de faire comme nous en fin de compte. OK, parce qu'ils auront décidé ainsi. Pour le moment on ne leur permet pas ce choix.

Si nous arrivions à apprendre à nous connaître et à travailler ensemble sur terre, le Bon Dieu verrait cela probablement d'un très bon œil !

Savoir si on fait bien ou mal

*Un exercice pour la journée : pour chaque chose qu'on fait, on inscrit une marque sur un petit papier **I** ou **0,** et le soir, on additionne les deux côtés et on compare les résultats. S'il est difficile de décider dans quelle catégorie inscrire quelle action, on imagine que ce que l'on fait est fait simultanément par mille autres personnes à ce même moment, au même endroit, pour mieux voir ce que cela donnerait.*

*Comment savoir si une action personnelle est bénéfique ou pas ? Nous avons appris cela à l'école enfantine, car là, on reçoit une étoile pour le **I** et rien pour le **0**, mais on a appris quelque chose avec les deux.*

*On peut sans doute faire un **I** positif en réalisant les activités suivantes :*

apprendre
musique
poésie
travail
sport
soin
rire
art
jeu
créer
visiter
bouger
danser
célébrer
réfléchir
analyser

Attestations d'adéquation

Beaucoup de gens contribuent discrètement pour l'environnement et n'en parlent pas. Ils ne reçoivent pas d'appréciation ou de reconnaissance.

*Si nous inventions un programme informatique qui permet non seulement de comptabiliser ces bonnes actions, mais fournir des « **attestations d'adéquation** »*

Par exemple :

1. *on agit de façon conforme aux besoins écologiques*

2. *on se cherche une attestation en décrivant son action pour l'ajouter à la liste, et se fait envoyer ce certificat par e-mail.*

3. *On peut choisir de la liste qui se forme à fur et à mesure ou y ajouter.*

4. *On peut garder les attestations pour soi ou les montrer à qui on veut. C'est un jeu et n'a rien à faire avec conformité ou jugement.*

On est libre d'y participer ou pas. Si cela devient populaire, cela pourrait cependant créer un encouragement.

Le choix du mot « adéquation » : entendu ce matin à la radio. Ce mot est devenu à la mode en Europe pour qualifier des industries.

Définition :

***l'adéquation** est le rapport entre l'intelligence et son objet. Qualité de ce qui est adapté, approprié au but visé.*

Exemple d'inadéquation

Aimant les arts graphiques, on voulait faire un panneau avec les mots : « PAIX SUR TERRE» écrits dans toutes les langues qu'on pouvait trouver. Il y a des alphabets tellement beaux ! Nous avons abandonné de projet assez vite. Pourquoi ?

Demandant aux connaissances d'autres cultures d'écrire ces mots, on a reçu des messages avec de longues phrases

Quelqu'un n'avait pas compris.
Des années plus tard on s'est aperçu que c'était nous.

Les mots seuls demandés semblent vides de sens dans certaines cultures s'il n'y avait pas une description d'une pensée venant du cœur.

Au Proche-Orient, « Bonjour », ne suffit pas pour saluer quelqu'un, on ajoute un souhait et une enquête de bien-être, et des pensées pour la famille.

En Europe, est-ce tombé en désuétude dès à présent de terminer une lettre ainsi :

« Je vous prie de bien vouloir agréer, Monsieur, l'assurance de mes sentiments respectueux et dévoués avec mes salutations les plus distinguées. »

Cela montre encore une fois que nous avons beaucoup de coutumes en commun avec d'autres cultures, parce qu'elles ont un sens pour nous tous.

Cruauté

Se fâcher être violent sont naturels.

Mais une personne peut être « endurcie » par d'autres artificiellement.

Comme plonger un petit enfant dans de l'eau glacée, et faire subir d'autres tortures, physiques et psychologiques, ainsi que des humiliations pour l'entraîner.

Hors mis les tremblements de terre, irruptions, tsunamis, intempéries, la vie normale, même dure ou négligente, ne fait pas cela, c'est causé volontairement par d'autres.

Quand on mobilise des ressources d'une personne à ce point, elle s'en trouve forcément affaiblie, détruite, ou même souvent en meurt. Ou bien elle réagit en devenant oppressant de tout ce qui semble dangereux, pour renforcer à tout prix un bonheur et bien-être.

Cette personne endurcie ne laisse rien paraître, surtout pas sa vulnérabilité et cherche la plus haute fonction de dirigeant possible, pour que personne « en dessus de lui » puisse lui faire mal. Et elle l'obtient ! On l'apprécie pour son « caractère » ou « détermination », leur « ligne de conduite ».

Bien sûr la défense militaire est le plus importante pour lui et prend la priorité sur tout.

L'impulsion réactive de la violence vient naturellement du cerveau (pas seulement celle sous drogues). Mais elle ne résout pas les problèmes. Au contraire.

Il faut donc l'arrêter dans le cerveau, là où elle prend ses origines.

Si la personne n'y arrive pas, il existe des dispositifs acoustiques dirigeables sur un groupe de gens, qui émettent une dissonance interférant avec les ondes cervicales si désagréables, qu'on doit s'enfuir loin du son.

Cela disperse effectivement des manifestants trop violents.

Il y a également des armes acoustiques très puissantes, des canons à son, qui nuisent à l'homme physiologiquement et psychologiquement utilisés surtout en cas de guerre.

Pourquoi avoir le but d'endommager qui que ce soit ?

Ce qu'il faut régler dans ces dispositifs ce sont les basses fréquences avec une intensité pas plus importante que 100 décibels, à courte durée. Ils ne feront pas de mal.

Possible…

Des citoyens attaquant d'autres citoyens en meute pour régler des comptes, ou par médisances racistes, ou pour un viol collectif, comment arrêter ce délire inhumain hors contrôle, mais généralement temporaire ?

La curiosité malsaine de badauds aggrave les choses en incitant les malfaiteurs par cette approbation implicite.

Pour contrer la folie, on ne peut que choquer leurs cerveaux. Cela demanderait un bruit soudain, surprenant et fort.

La surprise serait grande si un haut-parleur tout d'un coup jouait une musique forte, rythmée et ridicule dans ce contexte, par exemple une pièce champêtre. Pourraient-ils continuer le viol dans ces circonstances, avec cette dérision ?

En classe d'école enfantine lorsque les enfants deviennent turbulents et n'entendent plus les consignes, si tout d'un coup le maître ou la maîtresse siffle, ou gratte le tableau noir avec ses ongles, ou tonne de façon abrupte, cela fige le groupe entier immédiatement. La communication normale est alors rétablie.

Stupéfiants et les sédatifs, partenaires du combattant

La Grande Guerre :	*le « pinard » pour tous, et la cocaïne (pour les soldats de classe privilégiée)*
WWII	*méthamphétamines, (le Führer, ses complices, et ses soldats)*
La guerre de Corée	*méthamphétamines*
La guerre du Vietnam :	*92 % alcool, 69 % marijuana, 38 % opium, 34 % héroïne, 25 % amphétamines, 23 % barbituriques.*

Toutes sont des substances perturbatrices du psychisme, des outils de guerre, et pendant une génération après-guerre, des « descentes en enfer de l'addiction » affectant toute la famille.

Quiz 17 - Devinette

En 2016, à Cuba, les diplomates américains et canadiens ont dû être rapatriés dans leur pays parce qu'ils souffraient d'un mal mystérieux. Ils souffraient de nausées, de migraines, et craignaient d'être atteints dans leur physiologie auditive, victimes d'une arme acoustique nocturne.

Qu'est-ce qui a été trouvé comme étant la cause de ce mal ?

Enfin et surtout.

Une analogie :
Chercher le bonheur est comme chercher un trèfle à quatre feuilles, symbole du bonheur. On va à la campagne et l'on examine un champ de trèfles.

Si on commence à chercher systématiquement, en prélevant et en examinant un par un toutes les plantes, un travail long et en vain, on ne trouve pas… s'il n'y en a pas. En plus ce n'est pas agréable.

On peut se fâcher, se fatiguer, se décourager, rien n'y fera.

Si par contre on va plus loin, un petit trèfle à quatre feuilles peut tout d'un coup se montrer et on l'aurait trouvé. Sinon on va plus loin encore. C'en est de même avec le bonheur.

On peut tout aussi bien déjà le trouver dans la promenade de champ en champ.

Il y a des gens qui trouvent facilement les trèfles à quatre feuilles. Ce sont ceux qui ont l'hémisphère droit de leur cerveau plus développé. Ils voient les choses plus globalement. Dans le champ entier, une anomalie se démarque avec un seul regard. La logique systématique vient de l'autre hémisphère.

Les uns ne sont pas plus heureux que les autres et on a besoin des deux manières de voir.

Aînés

Les aînés, nous pourrions volontiers montrer comment

Tricoter
Crocheter
Raccommoder
Coudre
Cultiver
Jardiner
Élever
Cuisiner
Réparer
Économiser
Budgéter
Choisir
Réutiliser

avec patience et disponibilité.

Ces activités sont utiles de savoir-faire afin de préserver, soigner, réutiliser, recycler pour tous, dans ce monde qui demande de se couper des habitudes et qui coûte la vie à d'autres.

Réponse - Quiz 17

Le bruit nocturne très fort (100 décibels), aigu et continu venait de l'extérieur en effet.
C'était les sérénades amoureuses des grillons à queue courte, qu'on trouve en Amérique centrale !

Avertissement

Nous ne sommes que 8 milliards de personnes 'dans le même bateau' ensemble sur terre.

Tous sont informés
Tous se sentent alarmés
Tous bien faits, admirablement bien
Tous avec le même rôle et les mêmes responsabilités
Tous dotés de l'ADN pour le faire
Tous au clair avec l'aboutissement à choisir
et tout est en place pour le faire

Donc, la décision de changer de cap en virant de bord est pratiquement instantanée.

Quiz 18 - Devinette

Quel but avons-nous sans qu'il y ait besoin de discuter ?

Le vent continuera à nous pousser, mais nous aurons ajusté nos voiles et choisi la direction ensemble. Nous serons temporairement plus dépendant les uns des autres, cela demande beaucoup de confiance mutuelle.

Pour le moment que la moité de la population mondiale adulte a commencé à tirer sur le gouvernail, mais l'autre s'y oppose.

Malgré cela ce changement est déjà bien en route !
Ajuster la direction est un gain garantit pour tous.

Les enfants peuvent s'adapter sans devoir changer, ils représentent une grande partie de la population.
il suffit d'un quart de la population adulte pour entraîner les autres. Ce quart doit se faire entendre.

Tout est parfaitement possible ! Il y a des choses à lâcher, d'autres à ajuster, mais il n'y a rien à acquérir. La nature et nous sommes déjà fichtrement bien faits.

Introduction

Je ne suis pas « écrivain », mes écrits ne sont ni vains, ni en vain.

De toute façon il ne s'agit pas de moi. Il s'agit d'établir une base naturelle, pour qu'on puisse reconnaître dans quel sans nos déviations tendant à aller. C'est qu'ainsi que nous pouvons nous diriger.

Le texte est en quelque sorte vivant et a besoin de mises à jour constamment.

Les pensées dans ces fascicules en compilation sont juste là pour qui s'y intéresse. Ce n'est pas pour qu'elles soient qualifiées. Je trouve utile pour notre adaptation aux problèmes d'aujourd'hui de savoir comment on apprend, combien de temps cala prend, important de comprendre comment on s'empêche mutuellement de prendre la responsabilité, savoir comment on se fait peur et se décourage soi-même et les autres, reconnaître les mots qui prêtent à confusion, influencent ou détraquent. Apprendre quel travail est nécessaire pour mieux prendre en main sa vie.

Je n'aurais jamais la prétention de présenter quoi que ce soit scientifiquement, ce que je sais est du sens commun et observable. Le lecteur est invité à y ajouter ses couleurs pour en changer l'aspect si nécessaire.

En fait nous savons tous tout cela déjà.

Il est important que chacun puisse trouver ses propres exemples illustratifs, qui l'aideraient mieux que les miens pour se motiver.

Les exemples apportent la meilleure des crédibilités à un propos, plutôt qu'une comparaison d'une idéologie à une autre.

Bibliographie - Références

- *Les mystères du verbe, Dr. Ely Star, éditeur bibliothèque Charcorgnac, Paris 1908*

- *L'Homme aux deux cerveaux (Robert Laffont, 2007). Spécialiste en créativité au sein du Boston Consulting Group, cabinet international de conseil en stratégie et en management*

- Luc de Brabandere, auteur de Pensée magique, Pensée logique (Éditions du Pommier, 2008)

- *Red Ning Xia, quotations from chairman Mao Tsé-Tung*

- *Le livre noir du capitalisme,* Gilles Perrault et al, 2001 le temps des cerises & avenue Edouard-Vaillant 93500 Pantin

- Sebastian de Halleux, entrepreneur technologique, San Francisco Octo 2017 TED drones océans

- *The Psycho biology of Gene Expression* Neuroscience and Neurogenesis in Hypnosis and the Healing Arts, Ernest Laurence Rossi 2002 W.W. Norton

- Libre d'opium, la trappe et comment s'en libérer, André Stucki, traduction Eva Renée Kaestlin

- Germaine Tillion, Combats de guerre et de paix, Amazon.fr 2007

- Lukasz Kamienski, politologue polonais, "Shooting up" a history of drug warfare.

- Jay Nelson Tuck Consultant et auteur (1985 – Will Artificial Intelligence kill us ? Evolution without us.

- Lucy Vincent, Faites danser votre cerveau

- Lyman Frank Baum, Le magicien de OZ (1900)

- Camille Perrier Depeuringe – AJURES Association pour la Justice Restaurative en Suisse

- Mercator Research Institute of Global Commons and Climate Change, Berlin

- Alain Brunet : Collapsologie Quebec- Paris

- Michel Le Van Quyen, Le cerveau silencieux

- Radio Suisse Romande 1ère : Anne Laure Gannac, Véronique Marti, Stephane Gabioud, Philip Girard, Eric Guevara-Frey, Patrick Chaboudez, Julien Magnollay, Maguolin Laurence Difélix, Lucas Thorens, Mélanie Croubalian, Véronique Carminati, Yves-Alain Cornu, Martin Bégui, Anik Schuin, Cyril Depraz, Tristan Miquel, Florence Farion, Lydia Gabor, Manuela Salvi, Simon Matthey-Doret

- Germaine Tillion : Fragments de vie
- Richard Wagamese : Jeu blanc, Les étoiles s'éteignent à l'aube.
- Rosemarie Wildi-Benedict, J'avais 14 and en 1938
- Alan Mabanckou : Lumières de Pointe-Noire
- Tomás O'Crohan : L'homme des Iles
- Corinne Hofmann : La Massaï blanche, retrouvailles au Kenya
- Tahar Ben Jelloun : l'ablation
- Martin Doerry : À tout de suite les enfants
- Didier Destremau, Le roman de la Syrie

- Pablo Servigne et Raphaël Stevens : Comment tout peut s'effondrer. Petit manuel de collapsologie à l'usage des générations présentes
- Dr. Aldo Calanca, Sevrage par électrothérapie
- Bernadette Richard, Astrologue
- Wikipedia
- Valérie Chamsigaud, Les combats pour la nature
- La thérapie systémique structurelle ou stratégique. (Paul Watzlawick, École de Palo-Alto).

Sujets des fascicules suivants

vos contributions
et

les égalités des sexes
satisfaction sexuelle
l'air, l'eau, la nourriture
le recyclage
les régimes politiques
négociations et compromis
le plaisir de vivre
le verbe

Réponse – Quiz 18

A répondre soi-même :

....

....

....

....

Eva Renée

Cours de vie :

1 vie
- *½ en Suisse*
  - *½ Zurich*
  - *½ GE/VD/NE*
- *½ aux USA*
  - *⅔ côte Est – océan*
  - *⅓ côte Ouest – désert*

Langues : *dialecte 7 ans, allemand 6 ans*
français 31 ans, anglais 28 ans

Emplois : 50 ans dans les services et les soins

Voyages : *– autour du monde, 1/2 en chemin de fer,*
– 2 x de l'Atlantique – Pacifique en voiture

Diplôme en psychiatrie
Maîtrise et licence LICSW

Palindrome complet

S A T O R
A R E P O
T E N E T
O P E R A
R O T A S

Les mots qui le composent peuvent se lire de gauche à droite et de droite à gauche, de bas en haut et de haut en bas et sûrement tridimensionnellement.

Ce serait donc un cube, et avec les lignes courbées et les angles arrondis, cela fait un globe, la forme de n'importe quel corps céleste naturel.

SATOR : semeur, créateur (en Latin :)
OPERA : œuvrer
ROTAS : par cycles (rotations)
TENET : tient, soutient
AREPO : charrue (en Celte)

Ce message par écrit de nos ancêtres d'il y a deux mille ans est parfaitement terre-à-terre et pour tous.

***Palindromes** :*

Mon nom : Eve (Eva) ce qui fait deux palindromes de suite.

Renée (René) = éner/ener, « en » est le préfixe indiquant transformation.

« Yo soy » « seres » (je suis et êtres) en Espagnol, et « reviver » (revivre) en Portugais.

*On trouve des palindromes dans la **musique** :*
(les 12 sons par Octave)

*et en **biologie** : les acides nucléiques de l'ADN.*

Donc je fis erreur, on peut écrire sphérique !

Le droit d'auteur……pas

Étant l'auteur de ce **Fascicule 1** *j'ai donc le droit de décider.*

Tant mieux si on fait des copies. Tout le monde est invité à le faire, et le considérer sien, puisque :

Tout appartient à tous.

J'assume cependant toute responsabilité, mon écrit n'engage que moi.

La forme du livre et telle qu'on peut enlever des pages, les placer différemment, les utiliser seules, ou pour faire des origamis, des grues symboles de santé et de longévité par exemple, mais ne pas le mettre de côté, le papier seul est trop précieux pour cela, on peut le passer à quelqu'un d'autre.

Hémisphères cérébraux

« Une pensée linéaire et rationnelle (hémisphère gauche) marche bien dans un monde certain, dans lequel nous pouvons planifier notre avenir ; mais dans un monde incertain, complexe et en mouvement comme le nôtre, c'est fini.

Ce qui fait la différence, désormais, c'est l'audace de s'ouvrir à la nouveauté, à l'imagination, à la capacité à sortir du cadre de ses compétences, avant d'y retourner et d'y appliquer raisonnablement ses nouvelles idées, grâce à notre hémisphère gauche. »

2017-2019

Kolibri 360 GmbH
Ferdinand-Jühlke-Straße 7
99095 Erfurt, Deutschland
produktsicherheit@kolibri360.de

Druck:
CPI Druckdienstleistungen GmbH
im Auftrag der
Kolibri 360 GmbH
Ferdinand-Jühlke-Str. 7
99095 Erfurt